LES CITÉS

DE

CHEMINS DE FER

La nature n'est pas stationnaire. Les institutions
vieillissent tandis que le genre humain se ra-
jeunit sans cesse...... C'est l'esprit céleste,
l'esprit de perfectionnement qui nous pousse."
(*OEuvres de Napoléon III, vol. 2, p. 356.*)

Prix : 75 centimes.

PARIS

LEDOYEN, LIBRAIRE, 31, GALERIE D'ORLÉANS

(PALAIS-ROYAL).

1857

LES CITÉS

DE

CHEMINS DE FER

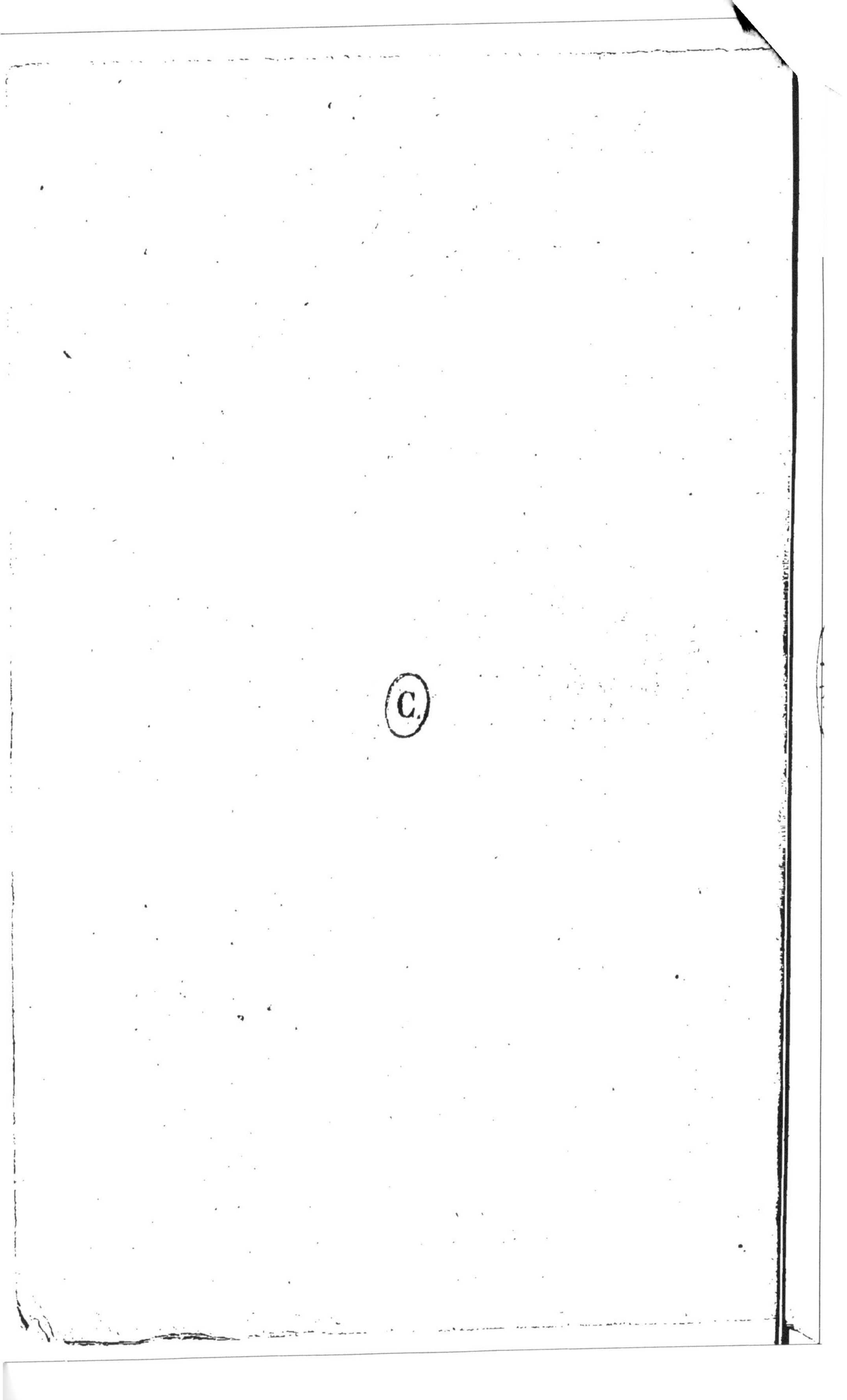
C.

LES CITÉS

DE

CHEMINS DE FER

> La nature n'est pas stationnaire. Les institutions
> vieillissent tandis que le genre humain se ra-
> jeunit sans cesse...... C'est l'esprit céleste,
> l'esprit de perfectionnement qui nous pousse.»
>
> (*OEuvres de Napoléon III*, vol. 2, p. 356.)

PARIS

LEDOYEN, LIBRAIRE, 31, GALERIE D'ORLÉANS

(PALAIS-ROYAL).

1857

LES CITÉS DE CHEMINS DE FER

PROLOGUE.

A Monsieur F. B·

Mon ami,

L'Américain Edgard Poe a écrit un voyage à la lune, et beaucoup de lecteurs l'ont suivi avec plaisir, parce que rêver a bien son charme dans un temps où le positif montre de telles exigences. Pour moi, en essayant de suivre au vol la nacelle de *l'aéronaute hollandais*, je n'ai réussi qu'à tomber, après bien d'autres, au pays d'utopie. J'en reviens seulement, et c'est pour vous proposer, s'il vous plaît de me le permettre, ce que j'ai cru voir dans cette con trée vaporeuse d'où les choses trop distinctes et certaines sont bannies autant par la force de la coutume que par l'état continuel de l'atmosphère. Ce récit ne pourrait-il s'appeler *Songeries économiques ?* Voilà, Monsieur, je ne vous le cache pas, une expression qui me paraît heureusement trouvée. Les délicats diront que l'idée d'une pareille songerie est peu avenante et l'accouplement des termes oppressif. Mais je me plais à y voir quelque fée charmante endormie sur la tête velue d'un âne, par un beau clair de lune d'une nuit du milieu de l'été. En fait de rêve, Monsieur, il ne faut pas dédaigner le rêve économique et social ; c'est encore celui qui tient le mieux ce que son nom promet.... Je pourrais, en cherchant, intituler ces pages *Fantaisie littéraire.* Mais, Monsieur, que dirait la critique? Hum! littéraire, littéraire ! Que verra-t-on après cela qui ne soit pas littéraire, ou que demeurera-t-il bientôt qui le soit encore à ce compte ? — Cependant, Monsieur, si la forme est agréable, si la grande tradition du sens français est respectée quant au fond. ... Mais non, la convenance, je le sens, ne permet pas de se justifier sur un pareil ton. Ne tournons, mon esprit, pas tant autour du pot ; et puisque ce titre : *Les Cités de chemins de fer*, est celui sous lequel l'objet de mon observation s'est naturellement offert à ma vue, ce sera celui sous lequel je vais aussi, mon ami, vous présenter humblement le fruit de mon labeur.

Pour parler sérieusement, et afin d'aller autant que possible au-devant des malentendus qui trop souvent fourvoient les discussions, consumant en pure perte une attention sur le retour de laquelle on ne doit pas compter, il convient de préciser à l'avance l'objet de ce travail. Bien des gens se demandent quel est le but idéal auquel tendent les forces qui entraînent manifestement aujourd'hui la société, et quel est le résultat naturel auquel celle-ci paraît, bon gré mal gré, destinée à parvenir, sous l'empire des nécessités qui la pressent. C'est là une recherche légitime et qui, en outre, n'est pas sans avoir son genre d'attrait diversement appréciable. J'ai donc essayé de tirer cet horoscope dans la mesure où il peut captiver le spectateur désintéressé des choses humaines. Bien que la contemplation assidue des phénomènes de notre âge ne soit pas sans ouvrir une porte à l'imagination, les pages que vous allez lire sont loin d'être assez gaies pour prétendre tout de bon s'inscrire sous le titre souriant de vision ou de fantaisie littéraire. Ce ne sont pas propos en l'air. Ce n'est pas davantage un projet avec plans et devis. C'est, si vous voulez, sur l'idée d'un projet que je tente de provoquer une discussion publique, ou, ce qui est bien plus efficace, l'attention de quelques hommes d'initiative. Si l'on trouve que le tableau ne répond pas à ce que les tendances dominantes de l'époque semblent devoir naturellement produire, on aura prononcé la condamnation de cette esquisse. En ce cas, j'aurai pris pour les véritables quelques manifestations trompeuses, un chemin de traverse pour une grande route, et il ne reste qu'une sorte de rêve laborieux qui, après tout, je l'espère, n'est cependant pas un cauchemar. Si, au contraire, les observations présentées sont, en général, bien dans le courant des faits qui président visiblement à la marche de notre société, elles ne sauraient passer inaperçues. Rien n'empêche que quelque heureux génie, déjà puissant par le succès, ou portant seulement en soi l'instinct de sa destinée, qu'il s'appelle ou Rothschild ou Pereire, Bartholony, Mirès ou Millaud, ou bien que son nom n'ait point encore été salué de la foule, entrant avec résolution dans le mouvement de forces bien constatées, ne détermine dans toutes les conditions de l'existence matérielle de l'individu civilisé comme un changement à vue, correspondant à celui que les chemins de fer ont réalisé dans la locomotion.

I.

INTRODUCTION.

Peu de gens considèrent une gare de chemin de fer sans éprouver un pressentiment qui ne leur permet pas de regarder une pareille construction comme une simple addition à la cité. Presque partout on lui voit exercer une influence irrésistible sur l'apparence des villes. Les grandes entreprises de chemins de fer provoquent dans les idées et les mœurs, la richesse et le crédit, une modification qui se révèle dans la figure des quartiers nouveaux. En face de ces avenues spacieuses où l'air et la lumière abondent, nous apprenons à regarder les anciennes rues des villes les plus vivantes avec un étonnement comparable à celui que les cités portant l'empreinte la mieux caractérisée du moyen âge avaient seules jusqu'ici le privilége d'exciter. Il y a plus. Sans être possédé d'une imagination extravagante, on se sent en soi-même obscurément averti, en présence de la moindre station de village, qu'on a sous les yeux non-seulement un agent énergique qui modifie indirectement l'aspect des villes d'aujourd'hui , mais la semence des cités qui prendront un jour leur place. On est involontairement conduit, lorsqu'on se trouve au bord d'un chemin de fer et quand on réfléchit à l'action probable que cet instrument pourra produire par la suite dans le monde, à songer au procédé qu'emploie la nature dans le passage des organisations vivantes élémentaires aux degrés plus relevés de l'échelle animale. On croit voir ce filet nerveux qui se développe et se ramifie, accusant çà et là les indices embryonnaires des organes que sa vertu plastique doit façonner avec le temps. Plusieurs de ceux qui redouteraient le plus de passer pour des rêveurs s'avouent tout bas que cette apparition qui date d'hier semble promettre à l'individu civilisé une mobilité de la personne à laquelle on ne voit guère de limite, et en général des conditions de bien-être inconnues aujourd'hui, une ère de prospérité et de développement pour tous.

L'invention des chemins de fer a doté le monde d'un procédé de locomotion qui semble donc appartenir à une civilisation nouvelle, tandis que les autres conditions de l'existence matérielle sont demeurées celles de la civilisation ancienne. Cette rupture d'équilibre entre les éléments de l'ordre économique aurait aisément pu, à l'origine, devenir le signal d'une sage et bienfaisante progression dans la voie du bien-être général. Il eût été naturel, au moment où l'industrie gratifiait l'individu civilisé d'une faculté prestigieuse de parcourir l'espace, de s'informer des entraves qui l'empêcheraient d'en user à son gré, et de chercher le moyen de rompre ou de relâcher ces liens. On eût bientôt conçu un ensemble de dispositions à la faveur desquelles cette mobilité indéfinie dont les chemins de fer font naître l'idée et le besoin serait réellement, quoique dans une mesure diverse, acquise à la majorité des hommes, sans aucun surcroît sensible de dépense, sauf le déboursé immédiatement relatif à la translation dans l'espace, c'est-à-dire sauf celui qui compte le moins dans la plupart des déplacements, celui dont la locomotive a fait une tentation chaque jour plus irrésistible. Ce résultat aurait été obtenu d'une manière progressive par une institution agissant simultanément sous trois modes principaux. Entrant d'abord en contact avec le public sous la forme d'hôtelleries universelles, immédiatement reliées entre elles par les chemins de fer et répandues sur leur parcours entier aux environs des villes et des villages, elle aurait fourni, d'après un tarif modique, l'abri du moment au tourbillon des simples passagers. Elle aurait, en second lieu, favorisé l'apparition de cette population flottante que l'effet propre des chemins de fer est de produire avec une énergie particulière, mais dont l'essor est retardé faute de rencontrer un milieu prêt à la recevoir. Enfin, grâce à l'organisation solidaire qui lui aurait permis d'opérer sur une échelle convenable, cette institution

eût offert, dans des conditions de mobilité en harmonie avec le caractère de l'époque, le loyer et les
denrées à bon marché à la population fixe attirée
dans son sein, tout en assurant par contre-coup
des avantages analogues à la population demeurée
dans les villes et les villages.

C'est ainsi que les Cités de chemins de fer, neu-
tralisant certains effets fâcheux du développement
financier, cause active de renchérissement et de dé-
moralisation, auraient contribué à mettre d'accord
avec la locomotion perfectionnée les autres conditions de l'existence matérielle. Et voilà ce qu'elles
peuvent encore, à l'heure qu'il est, tenter avec succès.
Sans doute qu'instituées à l'origine des chemins de
fer, elles auraient rencontré une à une seulement et
surmonté successivement les difficultés semées
dans leur carrière. Le public n'eût point songé à
distinguer entre deux institutions nées du même
coup, si visiblement destinées à demeurer insé-
parables, et nous aurions peut-être aujourd'hui
sous les yeux un spécimen assez complet de toutes
les merveilles que le génie moderne ne fait qu'entrevoir de loin. Ajournées jusqu'à maintenant, les
Cités verront se poser dès l'abord des problèmes
plus complexes, et il semble que leur marche,
nécessairement plus pressée en raison de l'espace
à rattraper, doive trouver plus de résistance dans
le flot inerte de la routine. Il ne faut pas méconnaître cependant les compensations que présente la

situation actuelle. De vagues aspirations qui ont eu le temps de se former de toutes parts trouveront dans la création des Cités de chemins de fer l'objet précis qui leur correspond. Elles satisferont des besoins déjà éveillés, à qui il ne manque que l'occasion pour se développer dans une mesure énorme. Enfin elles subviendront à des nécessités qui sont arrivées à l'état de souffrance et menacent de devenir un péril pour l'ordre social. Et afin de n'avoir pas à assombrir tout à l'heure le tableau des Cités de chemins de fer en revenant sur cette dernière pensée, donnons-lui dès à présent quelque développement.

II.

Du malaise des classes moyennes en présence du développement financier de l'époque.

Sous l'empire de la fascination universelle exercée par les chemins de fer, le capital incessamment renouvelé par le crédit a pris subitement dans le monde entier l'habitude de se condenser sans interruption en pluie d'orage, pour se précipiter à flots pressés dans le lit creusé par l'écoulement du seul revenu. C'est là un événement sans précédent dans l'histoire, et dont il est surtout facile d'isoler et d'apprécier les conséquences, sur des théâtres restreints comme les cantons de la Suisse. Quand, par exemple, le chemin de fer du canton de Vaud, à peine parvenu au quart de son achèvement, achetait en un jour trois mille *moules* (mesure du pays pour le bois à brûler), sur le seul port d'Ouchy, on conçoit que le combustible échappât par une hausse soudaine à une foule de besoins, pour ne plus retomber jamais à son prix de la veille. Mais c'est plutôt sous la forme de salaires industriels que la masse du capital, incessamment entraînée dans le torrent de la circulation, vient, sur le marché où se vendent les choses nécessaires à la vie, faire au revenu normal une concurrence désastreuse pour les classes moyennes. Le pain, qui avait été jusqu'ici la grande dépense des classes laborieuses, baissera de prix avec le retour des bonnes récoltes; mais la viande, le vin et les autres denrées dont la valeur détermine essentiellement le budget des ménages bourgeois, ne feront, sauf des oscillations accidentelles, que continuer à monter, parce qu'elles ont trouvé une foule de consommateurs nouveaux. Sans doute l'avénement plus général de l'artisan à un bien-être relatif est en soi un fait réjouissant ; mais je relève seulement ici la façon dommageable à d'autres dont ce progrès s'accomplit. Enfin il y a une dernière forme bien plus redoutable encore sous laquelle le capital indéfiniment reproduit tend journellement à se substituer au revenu normal, en écrasant celui-ci sous le poids d'une concurrence insoutenable, c'est la part qui se résout en opérations de bourse. Il est vrai qu'en prenant des proportions inouïes, cette fortune aléatoire s'est répandue sur un nombre beaucoup plus considérable d'individus. Mais le mal n'en est que plus grand, parce que les exigences effrayantes du luxe sont devenues d'autant plus inexorables.

C'est ainsi que les classes moyennes ou indépendantes, dont les ressources sont de plus en plus absorbées par les nécessités élémentaires que les classes - laborieuses commencent à partager avec elles, se voient de jour en jour interdire la satisfaction des besoins d'élégance et de vie sociale qui correspondent à leur état. Ceux qui essaient à Paris de soutenir la lutte, en sont trop souvent réduits à des expédients plus démoralisants que la dernière défaite. Et ce n'est pas seulement à Paris que le souci habituel du loyer et du pot-au-feu chasse progressivement du sein des ménages bourgeois toute préoccupation plus bienfaisante ou plus relevée. Partout de secrètes et saignantes blessures commencent à se trahir sous les dehors trompeurs de l'aisance. Dans la jolie ville de L..., bien des ouvrages à la main offerts en vente sous la vitrine des magasins sont confectionnés dans certains salons de la bonne société ; plus d'une marchande de la localité divise ses commandes et sa compassion entre des ouvrières notoirement indigentes et des femmes qui tiennent un rang honorable. Il n'est point à présumer que ce trait ne trouve pas son analogue dans beaucoup d'autres villes. Tout récemment, le journal *le Constitutionnel* exposait à la publicité de son premier-Paris (dans son numéro du 22 mars) cette lettre d'un lieutenant-colonel en retraite fixé à Nantes, qui racontait avec un détail si amer les difficultés d'une position modeste au temps présent.

Il est certain qu'une appréhension pleine d'angoisse commence à s'appesantir sur les classes moyennes. Quand on songe que cet état de souffrance est dans une connexion intime avec le développement irrésistible de l'époque et paraît destiné à grandir du même pas, on est saisi d'une sorte de pitié religieuse, comme devant l'annonce d'un châtiment providentiel. Un membre précieux du corps social se voit menacé d'atrophie et déjà perd sensiblement la faculté d'accomplir sa mission. Ce qui ne parviendra pas à participer en quelque mesure aux profits des hommes de finance descendra par degrés vers les rangs des classes laborieuses, jusqu'à ce qu'il n'y ait plus que deux catégories influentes en présence, les artisans et les millionnaires. En attendant cette rencontre périlleuse, l'invasion prépondérante du capital dans le domaine du revenu a déjà réalisé pour toutes les classes de notre génération de sérieux inconvénients. Le plus funeste est sans contredit l'abaissement que la fièvre d'acquérir, la terreur de tout perdre, ou simplement la difficulté croissante de satisfaire aux nécessités de la vie avec un revenu borné , imposent manifestement à tous les caractères, et dont ne sauraient complétement s'affranchir les esprits même les plus résolus à vivre pour des réalités meilleures.

En résumé, et pour rattacher tout cet argument à son point de départ, une institution dont la vertu serait de procurer au simple revenu normal le pouvoir de déployer tout son effet utile, n'aurait rien de prématuré en présence du rôle que les opérations financières entraînées par le rapide établissement des chemins de fer ont fait au capital. Les classes moyennes ne seront que trop bien préparées par le malaise qui les presse à comprendre l'opportunité d'un pareil secours. Il ne leur restera bientôt plus d'autre alternative que d'accepter le bien-être dans des conditions en harmonie avec ce progrès des chemins de fer auquel elles ont elles-mêmes poussé d'une ardeur irréfléchie, ou bien de se résigner à souffrir sans espoir dans un état qui ne saurait d'ailleurs plus, quoi qu'on fasse, redevenir l'ancien ordre de choses.

III.

De l'écart entre le fait et le principe, en ce qui concerne l'action des chemins de fer sur la mobilité de la personne.

Supposez qu'on attelle à quelque énorme tronc d'arbre abattu dans les forêts, afin de traîner cette masse raboteuse qui n'avance qu'en labourant le sol, un cheval de course formé seulement pour dévorer l'arène en un clin d'œil; imaginez qu'on ait lancé la locomotive sans niveler devant elle un passage à travers les ravins et les montagnes, ou sans disposer des rails pour la porter; ou bien encore, qu'on l'ait laissé ramper sur des rouleaux, au lieu de la faire progresser avec le tourbillon de ses grandes roues motrices : accumulez les comparaisons, forcez les oppositions, vous ne parviendrez point à peindre convenablement la disproportion qui existe entre l'effet que les chemins de fer tendent à produire sur la civilisation en ce qui touche la mobilité de la personne, et celui auquel le défaut d'appropriation du milieu restreint le pouvoir de leur action. Mais ce qui étonnera par-dessus tout la postérité, ce sera de retrouver les expressions d'enthousiasme qu'un pareil résultat a su nous inspirer. Quelle idée se fera-t-on du discernement de notre époque tant prônée, quand on se dira que chaque semaine nous lisions, sans éprouver de surprise, un tableau de recettes des chemins de fer constatant généralement que les deux tiers ou les trois quarts du revenu dérivent du transport des marchandises; quand on découvrira que beaucoup de gens admettaient comme un axiome que le transport des voyageurs, considéré en lui-même, doit naturellement constituer une cause de perte plutôt que de bénéfice, en sorte que les administrations auraient presque, en ce qui concerne leurs intérêts, à souhaiter la suppression de ce service? Ce merveilleux agent, qui répond si bien à l'impatience de la créature intelligente, se voit réduit à tourner son principal effort vers le transport de la matière inerte. Un pareil fait est à lui seul plus éloquent que tous les artifices du langage.

Il ne faut pas voir dans ce rapprochement un arrêt prononcé par l'autorité de l'expérience contre l'illusion d'une attente chimérique. La véritable leçon qui en ressort, c'est que, s'il appartient à l'ingénieur de construire la voie ferrée et de présider à la circulation de tous les éléments qui lui sont amenés, c'est à l'observateur diligent de la société qu'il incombe la tâche distincte d'approprier l'instrument à l'état et aux besoins de la société. C'est peu, ne craignons pas de le répéter, de fournir à l'individu civilisé une certaine facilité de parcourir rapidement un grand espace, si l'on ne tient pas compte des obstacles qui lui interdisent la faculté d'en profiter. Or la science de l'ingénieur, suffisante pour la seule construction des chemins de fer, a cependant jusqu'ici présidé presque exclusivement aussi à leur administration. Celle-ci n'a été dirigée en conséquence qu'à la lumière d'une statistique trop étroite pour apprécier les véritables forces qui sollicitent le mouvement des personnes, y font empêchement et en déterminent la mesure au temps où nous vivons. Il est permis d'affirmer, lorsque l'on consulte les tendances de la société actuelle, soit dans ses traits les plus généraux, soit dans les détails minutieux de la vie privée et de l'économie domestique, que la circulation obtenue aujourd'hui sur les chemins de fer fait l'effet d'un essai ou d'un jeu auquel on se livrerait en attendant le moment de les faire sérieusement valoir.

Ce n'est pas le bon vouloir qui manque au public pour profiter plus largement des facilités offertes par les chemins de fer. Il n'y a qu'à voir ce sentiment de curiosité qui s'attache à leur construction et ne fait que s'accroître quand l'attrait de la nouveauté a disparu. Quel voyageur n'a pu remarquer, en considérant l'attitude pensive de l'habitant des campagnes au passage des trains, que tandis que les animaux eux-mêmes finissent par se familiariser avec un spectacle si propre à les effrayer, les hommes ne parviennent point à se blaser sur

l'effet de cette apparition régulièrement répétée ?
Dans la plupart des cantons de la Suisse, de violentes
animosités politiques se sont évanouies comme par
enchantement pour faire place à l'agitation d'un
nouveau genre qui surgit à l'occasion d'un tracé
ou du simple emplacement d'une gare de chemin de
fer. La figure des partis en a été métamorphosée en
un moment ; des conservateurs cités parmi les purs
se sont trouvés tout à coup à la tête d'éléments pris
dans la démocratie avancée. C'est à la faveur d'une
confusion de ce genre, que l'idée d'une insurrec-
tion royaliste à Neuchâtel a pu germer et prendre
corps. Il est vrai, les populations en masse ne sont
pas capables de juger des effets économiques que
les chemins de fer tendent à produire dans les circonstances actuelles, et l'on doit avouer que cette
connaissance, si elle leur était révélée, pourrait bien
refroidir l'impatience de leur zèle. Mais enfin cette
facilité à se mettre en émoi pour une telle cause
témoigne de l'instinct, auquel personne n'échappe,
d'un changement considérable conçu comme inévi-
tablement lié aux chemins de fer, et d'une disposi-
tion correspondante à se précipiter au-devant de ce
changement. Une aspiration obstinée salue dans la
locomotive l'avant-coureur et le symbole de l'affranchissement de l'individu civilisé par rapport
au sol qui le porte.

Sans doute cette force d'inertie qu'on nomme la
routine oppose, particulièrement en France, aux

2.

améliorations les plus raisonnables une résistance difficile à surmonter. Des choses véritablement étranges nous paraissent les plus naturelles du monde dès qu'elles se sont, on ne sait comment, et nul ne s'en informe, fait place dans le domaine de la réalité. On s'empresse alors, et chacun s'y pousse avec un zèle fondé seulement sur l'ardeur du voisin, qui, de son côté, prend émulation de notre exemple; tandis qu'un progrès simplement utile et sensé sera déclaré chimérique et traité avec le dernier dédain, tant que la vogue ne l'a point patronné. Une mobilité presque idéale acquise à la transmission des titres d'immeubles de 500 kilomètres de longueur, cela va de soi seul, et rien n'est plus naturel, parce qu'en effet les actions de chemins de fer peuvent passer en cinquante mains dans un seul jour. Mais si quelqu'un proposait les moyens de communiquer cette même aptitude de mobilité aux denrées, aux habitations, aux meubles, aux objets auxquels s'applique immédiatement la force du revenu, c'est-à-dire au revenu lui-même, et par conséquent, dans une certaine mesure, à la personne qui en jouit, voilà qui paraîtrait fort plaisant et d'un esprit malsain. Cependant l'individu civilisé ne peut se défendre de sentir naître en lui la prétention de devenir aussi mobile qu'un mètre courant de chemin de fer ou que l'action qui en représente la valeur. Les signes ne manquent pas de la faveur avec laquelle, mais une fois le fait accompli ! il accueillerait ce qui serait capable de le rapprocher de cet idéal.

Mais conformément à la préoccupation exclusive qui absorbe l'ingénieur, on s'est plus mis en peine de rassembler le capital nécessaire à fonder et multiplier les entreprises de chemins de fer que de procurer à leur exploitation la plus large application possible du revenu dépensé chaque jour par le public. Si l'effort de méditation directement relatif à la mise en valeur de cet instrument, au lieu de se laisser distraire par la spéculation qui se rattache à l'émission de capitaux nouveaux, s'était recueilli de son côté pour se déployer parallèlement, on serait parti de ce fait que le capital engagé dans une entreprise ne constitue qu'une obligation onéreuse au point de vue de l'exploitation. On se serait avisé, en outre, qu'à mobiliser indéfiniment le capital, sans s'évertuer dans le même temps à rechercher s'il n'y avait pas quelque effort correspondant à tenter pour soutenir le nerf du revenu, on courait le risque de tarir la source d'où procède en définitive la fécondité de toute exploitation.

D'une manière générale, on s'est laissé éblouir par l'essor prépondérant des phénomènes qui se rapportent au développement du capital, et l'on a négligé d'étudier le chapitre, en apparence moins important, du simple revenu, ou bien on ne l'a envisagé que par rapport au capital; et sans rechercher de plus près de quelles conditions dépend le ressort de sa vertu propre, on s'est contenté de savoir que sa masse s'accroît en même temps que celle du capital. Il méritait cependant d'être considéré en lui-même et pour lui-même. Car ce modeste pécule disponible chaque jour est en dernière analyse le but et la raison d'être du capital. Il est véritablement le nerf de la richesse et la richesse elle-même, et c'est lui que pour juste cause le langage de bourse appelle *jouissance*. L'amas des capitaux et l'accumulation des intérêts seraient une abstraction stérile ou un fait sans portée, s'il n'y avait quelqu'un pour jouir du résultat en le dépensant. Le capital produit le revenu, mais c'est le revenu dépensé qui vivifie le capital. Pour ne rien taire, l'épargne elle-même, cette sagesse à laquelle la philanthropie moderne s'est arrêtée et qui a produit, hâtons-nous de le reconnaître, tant d'heureux effets, l'épargne en soi n'est point un bien. Elle grossit le capital, elle ne le féconde pas. Au contraire, elle est doublement une perte pour le capital constitué, en ce qu'elle est soustraite au revenu dépensé qui le vivifierait, et en ce qu'elle lui fait encore concurrence sous forme d'un capital nouveau. Avant tout, l'épargne est en elle-même une destruction de la richesse, un anéantissement de la jouissance. Sans doute, on n'amasse que pour mieux jouir, mais cela même constate que la richesse est essentiellement la jouissance. Quoi qu'il en soit, et grâce à l'engouement exclusif du public pour les fascinantes opérations qui se rapportent à l'accroissement réel ou fictif du capital, un petit nombre nombre d'individus, la fortune favorisant le talent de quelques-uns et l'audace de tous, ont recueilli de riches moissons. Mais la plainte qui s'élève de toutes parts touchant les difficultés de l'existence matérielle montre assez que la foule n'a pas récolté les avantages qu'elle s'était promis.

Il est donc arrivé, par une contradiction dont tout le monde aujourd'hui a le sentiment net ou confus, que plus il se fait de chemins de fer, plus il devient en quelque manière difficile au public d'en réaliser la jouissance, en raison de l'affaiblissement progressif et pour ainsi dire de l'immobilisation dont la prépondérance anormale du capital frappe la vertu du revenu positif et par conséquent la liberté de la personne. Mais il ne faut pas oublier que l'excès d'un contraste n'est souvent point éloigné d'une conciliation. En présence d'un phénomène aussi universel que celui des chemins de fer, où le capital engagé se compose pour ainsi dire de la fortune de tout le monde, on peut dire sans craindre de se tromper que l'emploi du revenu quotidien aux mains du public doit tendre de sa nature à prendre un cours correspondant. Une pareille mobilisation du capital est un symptôme significatif de celle à laquelle aspire l'application du revenu. La facilité accrue de se transporter rapidement d'un lieu à un autre ne suffit pas à elle seule, nous le voyons assez, pour compléter un certain affranchissement de l'individu par rapport aux conditions matérielles de l'existence ; mais elle est l'élément le plus apparent de cet état idéal, elle en contient la promesse assurée. Une fois qu'un pareil symptôme a fait son avénement d'une manière aussi positive, en absorbant avec une telle énergie les capitaux qui composent la fortune publique, les autres conditions de la vie doivent tendre puissamment à se mettre en harmonie avec cette manifestation. La vie publique ne peut rester d'un côté et la fortune publique se porter de l'autre. Plus grand est l'écart entre ces deux faits, plus intense la force qui sollicite leur rapprochement.

La vérité qui apparaît de la sorte sous une forme logique, se revêt d'une évidence pratique et familière à mesure qu'on observe autour de soi les hommes et les choses dans les diverses circonstances de la vie. L'aspect nouveau que présente le gouvernement des ménages, par opposition à ceux d'autrefois, où l'on entassait des trésors de linge, de vêtements et de denrées ; la faveur qu'ont définitivement conquise les grands magasins d'articles confectionnés et les bazars rassemblant tous les objets possibles ; la difficulté malgré cela croissante que le renchérissement des loyers et des subsistances ajoute au problème de l'existence matérielle ; la question chaque jour plus épineuse pour les ménages des classes moyennes du service des domestiques et le soulagement comparatif que procure le service en quelque sorte impersonnel qu'on rencontre dans les établissements publics, hôtels ou restaurants ; le goût toujours plus répandu et plus irrésistible de voyager ; une foule de circonstances ou de traits de mœurs qui se multiplient avec les années, sont autant de symptômes caractéristiques ou de causes aggravantes de l'instinct qui sollicite aujourd'hui l'homme civilisé à mobiliser son existence et sa personne. Les Cités de chemins de fer auront dès à présent la vertu de faciliter et d'adoucir une transition qui est dans le cours inévitable des choses, mais qui, abandonnée à elle-même, ne s'effectuerait que péniblement et peut-être après de longues douleurs.

IV.

Des Cités de chemins de fer comme hôtelleries universelles.

Pour l'observateur qui ne dédaigne pas d'entrer dans les détails de mœurs, il n'est pas sans intérêt de remarquer les soucis et parfois les détresses qu'occasionne au commun des voyageurs ce vulgaire mais indispensable accessoire qu'on nomme le *bagage*. Il s'agit seulement ici de l'embarras et de la dépense qui s'attachent aux effets personnels chaque fois qu'il faut quitter les rails ou bien y revenir. Il vaut la peine, ne fût-ce que pour la singularité du fait, de se rendre compte de l'influence que peut exercer une cause aussi insignifiante pour comprimer ou retarder l'essor de l'humeur voyageuse. Chacun sait que pour les courts trajets, un pareil *item* suffit dans bien des cas à rendre illusoire l'économie résultant des procédés perfectionnés de locomotion. Ainsi, de Montreux à Ouchy, port de Lausanne, on peut à l'aide des bateaux à vapeur à prix réduits, parcourir pour quatre-vingt-dix centimes une trentaine de kilomètres sur la partie la plus ravissante du lac de Genève. Mais pour gagner de Montreux le rivage d'embarquement et d'Ouchy monter à Lausanne, si peu que le voyageur ait d'effets, il ne s'en tire pas à moins de deux ou trois francs ajoutés au prix du trajet. Ceci est un exemple en quelque sorte normal de ce qui arrive plus ou moins partout, et bien des touristes se tiendraient satisfaits s'ils étaient assurés de ne rien rencontrer de pis. L'Américain, coureur par essence, pousse volontiers le paradoxe jusqu'à déclarer que pour être libre de bouger, il faut savoir réduire son *luggage* à ce qu'on est en état de porter soi-même à la main. Il n'y a pas d'apparence de convertir à ce sentiment les habitants du vieux monde. Mais les Cités de chemins de fer offrent le moyen de faire mieux encore que de supprimer le bagage, c'est de supprimer simplement l'embarras qu'il cause. Des arrangements faciles à ménager dans ces établissements, qui font pour ainsi dire corps avec la voie ferrée, déchargeront le visiteur de cet ennui et de ces frais pour toute la durée de sa vie itinérante. En attendant, le touriste qui multiplierait les excursions, les compliquerait de tours et de détours, s'arrêterait à vingt endroits où sa fantaisie l'invite, hésite et recule devant les fantômes trop peu imaginaires d'une valise et d'un sac de nuit. Il est incontestable que cette chétive préoccupation remplit les wagons de deuxième classe. Et s'il faut tout dire, on ne rencontre guère autre chose dans les wagons de première classe. C'est qu'il y a, on doit bien le reconnaître, un contraste choquant entre cette sorte d'exultation que procure une locomotion de quinze lieues à l'heure et le sentiment de l'individu qui se trouve tout à coup rejeté à terre avec ce poids mort attaché à sa personne.

Et puis qu'importe à l'habitant de la province d'avoir le moyen de se rendre facilement à Paris, au Parisien de pouvoir aisément gagner Vienne, Rome ou Madrid, quand le spectre menaçant de la note des hôtels est là qui brandit devant lui sa ruineuse addition ? Parmi ceux que séduirait le train express ou que le convoi omnibus déciderait, il

n'en part pas un sur cent. Suivez cet audacieux. Il
file comme un trait, feignant de dédaigner tous les
lieux intermédiaires, dont plusieurs lui paraissent
charmants, mais dont le repousse un ange au glaive
flamboyant sous la forme d'une enseigne d'auberge
et diverses apparitions qui sous la figure de por-
teurs, cochers d'omnibus et autres officieux, l'at-
tendent pour s'emparer de lui. Notre homme triom-
phe tout bas de ce qu'on ne peut l'arracher de son
coin par la force, tandis qu'il regrette à voix haute
la pittoresque lenteur de l'ancienne diligence qui
permettait mieux selon lui de jouir de la nature. Il
part, il arrive, et à peine arrivé ne songe déjà qu'à
s'enfuir. Et au lieu d'obéir à l'attrait qui l'invite en
secret à recommencer, il dira que les voyages sont
chose fatigante. On ne le verra, en effet, se remet-
tre en route que le jour où il ne saurait faire autrement.

Et cependant la locomotive a communiqué comme
par contagion à l'homme civilisé la fièvre du mouvement. Même parmi ces travailleurs des champs
qui ne peuvent que détourner un instant les yeux
de dessus leur sillon au passage des trains, il n'en
est guère qui reviennent à leur ouvrage sans qu'une
pensée nouvelle ait surgi dans leur cerveau et qui
ne se soient installés en esprit dans les wagons
pour courir à travers l'espace. La conclusion de tout
ceci est donc que jusqu'à ce que les Cités de chemins de fer, fonctionnant comme hôtelleries sim-

plifiées, soient instituées autour de Paris et loin de
Paris, les misères du bagage, du dîner et du cou-
cher empêcheront qu'on puisse juger de l'intensité
du double courant qui tend à s'établir de la circonférence au centre et du centre à la circonférence,
et à faire en outre de chaque point du territoire le
foyer d'un tourbillon d'inégal degré. Ce n'est pas
dans ce temps si savant à pratiquer les combinaisons et les fusions, qu'il est besoin de faire ressortir
les avantages de tout genre et en particulier l'économie incalculable dont profiteraient ces établissements, qui n'en formeraient qu'un seul répandu sur
le réseau des chemins de fer du pays.

V.

Des Cités comme pensions à la mode suisse.

Il existe en différents endroits de la Suisse, mais
particulièrement aux environs de Clarens et Montreux, des établissements inconnus ailleurs et dont
l'objet est d'offrir à des prix très-modiques une résidence agréable aux personnes qui viennent faire
quelque séjour dans la contrée. Ils donnent pour
cinq francs, pour quatre francs, et plusieurs d'entre

eux pour trois francs par jour, une hospitalité confortable qu'on ne trouve pas toujours dans les hôtels d'un prix élevé. Ces maisons ne datent pas d'hier, mais elles sont en train de prendre une physionomie nouvelle en raison du succès qui les favorise à mesure que le réseau des chemins de fer se complète sur le continent. On les voit se multiplier sans qu'elles parviennent à suffire aux demandes qui les assiégent. L'expérience de ces sortes d'hôtelleries de famille et la connaissance particulière de beaucoup de personnes devenues leurs clients habituels m'ont démontré que la cause d'une pareille vogue n'est point essentiellement locale, comme on serait d'abord disposé à le croire, mais tient surtout au temps où nous vivons, et se reproduira sur une plus grande échelle partout où l'on voudra solliciter avec discernement son action. On est surpris de voir les racines tenaces qu'un pareil genre de vie jette en peu de temps dans les habitudes de ceux qui en ont une fois goûté. Il semble que la belle saison les ramène irrésistiblement, comme la lune fait monter la marée sur les rivages. Cependant l'automne et l'hiver apportent aussi en nombre toujours croissant des hôtes nouveaux. On peut lire dans la contenance de la plupart de ces visiteurs qu'ils ont enfin découvert le secret de se récréer d'une manière vraiment digne d'êtres civilisés, avec les mêmes ressources dépensées jadis aux mesquins amusements qu'ils se permettaient dans leurs localités respectives. Car ce ne sont plus quelques lords anglais ou quelques barons allemands, mais des tribus entières de familles bourgeoises, s'aventurant pour la première fois dans les lieux qu'elles émaillent de leur aspect bigarré. Ou bien, tandis qu'ils dissipaient autrefois une fraction considérable de leur revenu pour courir sans débrider à travers les pays étrangers, en ne rapportant de leur expérience que l'étourdissement et l'ennui, ces honnêtes gens savent maintenant savourer à loisir le charme des contrées nouvelles. Et grâce aux facilités offertes par le mode des *pensions* suisses, maint amateur des voyages, au lieu de continuer à errer seul comme une âme en peine, fait partager ses jouissances à sa famille, et trouve le moyen de parcourir le monde sans quitter ce qui constitue essentiellement le foyer domestique. Le développement de ce genre de mœurs suit de près le développement des chemins de fer. Mais, par un effet analogue à celui qui empêche la vapeur d'apparaître à la surface de l'eau bouillante quand l'espace lui est refusé pour se produire, elles demeurent chez nous, si l'on peut s'exprimer ainsi, à l'état latent. Nous sommes presque le seul pays où l'on n'ait à peu près rien tenté pour satisfaire à cette nécessité de l'époque. Dans les lieux de France les plus propres à attirer les visiteurs, c'est tout au plus si l'on trouve quelques maigres ressources d'appartements garnis. Les Anglaises se chuchotent à l'oreille l'adresse

3.

d'une ou deux chétives *pensions* que l'effort de leur curiosité a su découvrir à Paris. Ceux de nos compatriotes qui se décident à sortir de chez eux apprennent par le témoignage de leurs propres yeux que partout où il y a moyen de s'établir agréablement et à bon marché, on voit accourir par essaims, à mesure que le réseau européen se complète, les amateurs disposés à profiter de l'occasion.

C'est un spectacle intéressant que celui des légions polyglottes qui s'assemblent en ces lieux de refuge. L'observateur attentif reconnaît un signe des temps dans l'agrégation singulièrement prompte et intime par laquelle les éléments hétérogènes s'y mêlent entre eux. Il en résulte dans les relations un cachet frappant d'originalité, et cette variété plus compréhensive qui remplace avantageusement les petites diversités que des esprits chagrins reprochent à la civilisation moderne de faire disparaître. Il est proverbial autour du lac de Genève que la langue du pays est celle qu'on entend le moins tout le long du rivage qui serpente de Vevey jusqu'au château de Chillon. Le touriste français est le seul qui n'abonde pas dans ce district de langue française. On le distingue cependant sans peine à l'air dépaysé par lequel il se trahit au moindre propos. On croirait que notre compatriote vient de découvrir les derniers confins de la civilisation, tant chaque chose paraît le surprendre à quelques lieues de Pontarlier. C'est même grâce à la perpétuelle stupéfaction du visiteur français, quand il s'en trouve, que l'indigène de la localité se raffermit dans la conviction d'être pourtant bien chez lui, malgré le doute que finissaient par lui inspirer ces Anglais, ces Russes, ces Allemands, devisant aussi paisiblement et agissant avec le même flegme que s'ils étaient dans leur pays. Il est vrai qu'il ne nous faut pas longtemps pour passer d'un extrême à un autre, et que nous ne tardons point à surprendre nos hôtes en nous montrant plus forts qu'eux-mêmes sur leurs propres affaires.

Il y a incontestablement dans les établissements de ces parages favorisés, tout imparfaits qu'ils soient dans leurs dimensions restreintes et leur isolement réciproque, quelque chose qui répond heureusement aux besoins nouveaux du public. On peut les considérer comme le germe d'institutions développées vis-à-vis desquelles ils se trouveront dans le même rapport où les chemins de fer originairement employés dans les mines de charbon de terre se sont trouvés vis-à-vis des railways perfectionnés d'à présent. La pension telle qu'elle est connue en Suisse offre dans les limites de ses attributions le rudiment de la Cité de chemins de fer. Organisée d'une façon complète et avec ensemble sur le parcours entier des chemins de fer, cette institution élevée à son idéal deviendra en peu de temps la résidence d'une population flottante qui est prête à se produire sur une échelle immense. Si, avec de l'or-

dre et de l'intelligence, le chef d'une de ces maisons
de Clarens ou de Montreux, en ne recevant guère
qu'une cinquantaine d'hôtes à la fois et en ne leur
demandant que quatre ou cinq francs par jour,
trouve moyen de concilier leur agrément et son profit, à quel tarif réduit ne pourra pas se prêter une
institution qui comptera ses clients par centaines de
mille sur la surface de la contrée? Il conviendrait à
une foule de gens, la barrière insurmontable des
frais de séjour une fois abaissée au niveau que comporte cette organisation, de visiter ainsi Paris sans
être enfermés dans Paris, avec la faculté de se repo-
ser à volonté du bruit de la ville dans le calme comparatif de la Cité de plaisance. Les Cités des petites
villes et des villages se peupleraient de ceux qu'at-
tirent dans les environs leurs relations sociales ou
leurs goûts champêtres, et qui s'y transporteraient
à la file s'ils le pouvaient faire sans s'encombrer
d'un établissement lourd et dispendieux. C'est ce
dont j'ai pu me convaincre pendant un séjour pro-
longé dans un des villages les moins recherchés des
environs de Paris, Triel près de Poissy. Quant aux
ports de mer, aux endroits de bains ou de plaisirs,
et en général à tous les lieux où la mode amène
déjà la foule, on se représente facilement le con-
cours énorme qu'attireraient les conditions excep-
tionnellement abordables que les Cités de chemins
de fer seraient en mesure de présenter. Il y a même
lieu de penser que le parcours des chemins de fer

des contrées es plus neuves ou les plus éloignées, comme dans les paysages peu connus de la Hongrie, le long de l'antique vallée du Nil, au sein de l'Algérie, ou bien jusque dans les mystérieuses profondeurs de l'Asie, serait promptement vivifié par l'institution des Cités de chemins de fer, grâce à la facilité qu'elles donneront de pratiquer réellement ce que tout le monde fait en rêve aujourd'hui.

VI.

Des Cités comme résidence permanente.

On ne saurait méconnaître le besoin de stabilité ou d'assiette qui gît au fond de la nature humaine et prend avec l'âge une influence prépondérante. Cependant le mouvement et le repos sont des états qui se conditionnent réciproquement, pour ainsi parler. Il y a un repos mort, sans contre-poids, qui ne correspond qu'à une mobilité pénible et bornée, et il y a une aisance de mouvement qui suppose le repos dans un équilibre délicatement balancé. Le degré d'inertie ou de répugnance au mouvement que comporte l'état de repos, varie pour chaque être avec le degré de mobilité dont la nature l'a doué.

Les conditions du repos se modifient en même temps que la faculté de mobilité, ou bien elles empêchent cette dernière de se manifester selon sa véritable aptitude. Du jour où la locomotive a commencé à glisser sur des rails, le problème immédiatement relatif à la translation de l'individu dans l'espace a été résolu en principe. Et cependant, faute d'un système correspondant d'hôtelleries universelles ou de pensions à la mode suisse généralisées, le changement provoqué dans les mœurs est ajourné en dépit de l'énergie avec laquelle il tend à se produire. Pareillement, ces fonctions préliminaires attribués aux Cités de chemins de fer, cet office en quelque sorte circulatoire, une fois remplis par des organes convenablement combinés à cet effet, le fait de voyager réellement, de circuler partout, de séjourner à sa fantaisie en un lieu élu, devient, ce semble, facile pour une foule de gens, puisque le temps consacré à cette existence attrayante ne représente pas, de nécessité, une dépense beaucoup plus considérable que la vie la plus réglée au domicile habituel. Mais ici encore la difficulté n'est que reculée. Elle se retrouve dans les conditions peu mobiles de cet établissement domestique qu'on laisse forcément derrière soi, et dont la dépense permanente fait double emploi avec la satisfaction accordée au goût des voyages. Un géomètre se croirait autorisé à déclarer que c'est une résistance qui rappelle le touriste à son point de départ avec une énergie que mesure

la distance multipliée par le temps. C'est effective-
ment un obstacle qui finit par triompher, quelles
que soient la résolution et les ressources qu'on
est à même de lui opposer. Les Anglais, qui sont
gens éminemment pratiques, ont déjà pris assez
l'habitude, lorsqu'ils quittent momentanément leur
résidence ordinaire pour faire un *tour* sur le continent, de rechercher une indemnisation qui con-
siste à louer leur maison toute meublée, leurs équi-
pages et jusqu'à leurs domestiques, pour toute la
durée de leur absence. Plusieurs s'abstiennent de
voyager faute de rencontrer cette occasion. Cette
pratique n'est en réalité pas de nature à devenir
assez générale ni d'un usage assez simple pour offrir
la solution du problème qui nous occupe. Sa vertu
ne saurait devenir assez efficace pour rompre la
chaîne qui retient l'individu civilisé attaché à la
glèbe du mobilier domestique.

C'est ici qu'intervient la troisième fonction et
l'objet définitif des Cités de chemins de fer. Elles
fournissent une installation domestique complète,
permanente pour tout le temps qu'elle continue de
répondre au désir d'une famille, et dont on peut
faire abstraction à l'instant souhaité, pour en trouver une autre toute prête au lieu où l'on jugera
convenable de se transporter, sauf à revenir aussi
aisément au premier domicile dès que l'envie s'en
fera sentir. Les Cités de chemins de fer ne formant
qu'un seul établissement sur toute l'étendue du ter-

ritoire, il ne leur est en rien préjudiciable que chacun quitte ou reprenne à son gré une résidence quelconque. Quant aux départs pour les pays étrangers, ils provoquent une réciprocité à laquelle il est de l'intérêt de l'entreprise d'ouvrir largement la voie. La mobilité illimitée de la personne humaine est le principe même sur lequel cette conception est fondée. Tous les éléments susceptibles de subir sensiblement l'attraction résultant des fonctions élémentaires précédemment attribuées aux Cités de chemins de fer seront donc, par la force des choses, entraînés dans la sphère d'action définitive de ces établissements. C'est pour cela que je me suis tantôt appliqué à relever avec un détail peut-être trop minutieux certains symptômes en rapport avec l'ordre de ces fonctions et par lesquels se décèle déjà une imminente modification dans les mœurs en ce qui concerne la mobilité de la personne.

Que si l'on craint encore après cela de voir la routine répugner à se prévaloir du bénéfice des Cités de chemins de fer, c'est le cas de recourir aux observations qui ont été présentées plus haut relativement à l'état de malaise qui étreint dès aujourd'hui les classes moyennes et les prépare sous un dur apprentissage à ne pas mépriser les avantages de l'institution nouvelle.

On a fondé à Lausanne, sous le nom de *Société de consommation*, une espèce de boucherie de famille qui vient de prendre en un moment un développement considérable et comptait il y a quelques mois déjà dans sa clientèle plus de mille ménages recrutés parmi toutes les classes de la population. On confectionne au siége de l'association, ainsi qu'il se pratique maintenant chez un certain nombre de bouchers à Paris, en utilisant les catégories inférieures et les débris qu'on vend d'ordinaire sous le nom de charge ou de réjouissance, un bouillon qui est livré à raison de seize centimes pour 1 1/2 pot vaudois. Beaucoup de ménages bourgeois commencent à apprécier l'agrément de pouvoir à volonté se procurer du bouillon frais, sans être chaque fois dans la nécessité d'acheter et de préparer une viande qui n'est goûtée que si elle ne reparaît pas trop fréquemment sur la table. Le bouilli sortant de la marmite, vendu par portions de vingt centimes, rencontre dans les classes inférieures des amateurs qui paraissent de leur côté trouver profit à couvrir ainsi les frais de l'opération. Il résulte de cet arrangement pour les actionnaires, c'est-à-dire pour ceux qui ont versé la minime somme de six francs une fois payée, l'avantage de recueillir le bénéfice qui à Paris reste acquis aux bouchers. C'est-à-dire que l'établissement leur livre la viande nette de toute réjouissance à deux centimes seulement plus cher que les autres boucheries, qui d'après l'usage encore en vigueur dans le pays, ajoutent un quart ou un tiers de charge en poids, selon la catégorie, à la viande débitée sur leur étal. Tel était le programme de l'association. Mais la prévision des fondateurs s'est trouvée si bien justifiée par l'expérience, qu'on a pu récemment retrancher même cette faible réserve de deux centimes que la caisse s'était ménagée pour se couvrir. Le mode d'après lequel fonctionne cette association, les résultats qu'elle obtient dans sa spécialité et dans les limites de ses proportions, suffisent à donner quelque idée éloignée de ce qu'on doit attendre de l'organisation des Cités de chemins de fer.

Les différents degrés du tarif dans les Cités de chemins de fer ne représenteront qu'un minimum que chacun sera naturellement sollicité à dépasser par quelque côté, suivant ses ressources et ses goûts. Ainsi, en fait de logement, il sera loisible à chaque famille de choisir un appartement vaste et somptueux à volonté, ou même d'occuper à elle seule des habitations isolées et entourées de jardins particuliers. Mais tout luxe hors classe sera considéré comme un moyen d'abaisser l'échelle générale du tarif et d'en mettre, autant que possible, le degré inférieur à la portée de la portion intelligente et rangée des classes laborieuses. En général et pour l'ensemble des choses de la vie, la résistance que les Cités de chemins de fer seront en mesure d'opposer au renchérissement résultant du développement financier, sera en rapport avec la largeur des bases sur lesquelles leur organisation pourra être édifiée. Par des opérations conduites avec ensemble sur l'étendue du territoire entier, les prix seront maintenus dans les Cités aux plus inférieures limites qu'il soit possible d'atteindre sans agir directement sur la production. Mais si l'on considère que les besoins de leur seule consommation offriront un débouché vaste et assuré pour un grand nombre de produits de l'agriculture et de l'industrie, qu'elles se mettront dès lors à fabriquer par mesure d'économie ; si l'on tient compte en outre du monopole commercial universel dont les Cités jouiront naturellement dans l'enceinte de leurs propres bazars ; si à tout cela on ajoute le bénéfice également légitime résultant directement de leurs triples fonctions, monopole immense dans chacune de ses branches, mais prenant une puissance incalculable par le fait de leur fusion et de leurs rapports d'action et de réaction réciproques, on n'ose réellement pas fixer de chiffre si bas que l'on puisse affirmer que le bon marché des choses nécessaires à la vie ne descendra pas encore au-dessous. Ce sera comme une mobilisation des forces du revenu pour faire face à la mobilisation du capital.

Des trains à prix réduits arrivant dans l'enceinte de l'établissement, comme il se pratique au palais de Sydenham, permettront à chacun de vaquer librement à ses occupations journalières dans la ville voisine. La station de Passy, au chemin de fer du bois de Boulogne, donne pour quatre-vingt-dix francs un abonnement annuel de seconde classe ;

c'est-à-dire qu'on est admis, moyennant vingt-
cinq centimes, à parcourir autant de fois par jour
si on le désire, la distance entre les deux gares de
la rue Saint-Lazare et de Passy. Supposez qu'une
Cité établie à proximité de cette dernière prenne
à son compte une certaine quantité d'abonnements,
en stipulant avec la compagnie du chemin de fer de
remplacer la faculté indéfinie précédemment attri-
buée à chaque abonnement par la jouissance d'un
parcours limité, comme serait deux fois et demie la
double course ou cinq fois le trajet simple ; imaginez, en d'autres termes, que la Cité achète, pour
le répartir à sa convenance, le droit de faire parcourir un million de kilomètres à un individu sur
cette ligne ; il est évident qu'elle sera en mesure de
céder moyennant dix centimes au plus des cartes
valables pour le double trajet. De cette façon, sans
recourir à l'abonnement direct, dont l'avantage est
souvent plus apparent que réel, parce que tout le
monde n'est pas également obligé à des déplacements
fréquents, réguliers, sans trêve, les habitants de la
Cité de Passy pourraient se considérer, quant à la
facilité de leurs rapports avec la ville, comme de-
meurant à la gare de la rue Saint-Lazare, avec cette
différence, qu'ils jouiraient en même temps des avantages de la campagne, et qu'ils auraient, tous frais de
parcours compris, des appartements vastes et pleins
de lumière pour un prix inférieur à celui de leurs
sombres et étroits domiciles parisiens. Les plus mo-

destes bourses de la classe bourgeoise et une portion même de la classe ouvrière participeraient de la sorte à un luxe exclusivement réservé aujourd'hui aux gens riches. Encore ces derniers sont-ils obligés, à moins d'avoir voiture, de tráverser la pluie et la boue pour gagner leur maison de campagne, quelquefois très-éloignée de la station du chemin de fer, tandis que les habitants de la Cité descendent de wagon à la porte de leur résidence.

Il faut ajouter que les Cités de chemins de fer, grâce à leurs ressources de toutes sortes, et particulièrement à leurs vastes jardins d'hiver, continueront à offrir dans la mauvaise saison les agréments dont les campagnes les plus recherchées sont complétement dépourvues au temps des frimas. Le chauffage ajoutera à peine au prix du loyer, tout en étant plus réellement efficace que celui des maisons réputées confortables à Paris. Un indicateur thermométrique commandant les soupapes de chaleur, et que l'on ouvre à sa fantaisie, maintiendra sans autre soin les appartements à la température désirée. Celui qui voudra en outre se réjouir à la lueur de la flamme, mais qui reculerait devant les embarras du bois, du charbon et des domestiques affectés à ce service, se contentera de ces petites grilles économiques et pourtant se prêtant à une si coquette élégance, que les Parisiens vont chaque jour admirer sous le péristyle de l'hôtel du Louvre ; mignons foyers, et pour peu qu'on le souhaite, véritables bijoux d'orfévrerie, où l'on voit l'amiante exaspérée s'animer d'un rouge si éclatant sous la morsure impitoyable des dards enflammés du gaz.

Je ne me propose nullement d'étudier par quelle complication de services et d'administrations les Cités de chemins de fer satisferont aux exigences multiples de leurs diverses fonctions ; une pareille recherche n'est pas moins étrangère à mon objet qu'en dehors de ma compétence et de mes goûts. Loin qu'il faille s'inquiéter pour le génie industriel et mercantile de notre époque de la façon dont il saurait gouverner l'ensemble et les détails d'une si vaste machine, l'aptitude singulière de cette génération à se jouer de semblables difficultés est au contraire un des éléments dont l'évidence incontestée sert d'appui à toute cette conception. Seulement notre temps, si actif et si habile lorsqu'il s'agit de répéter et d'amplifier les opérations déjà passées dans le domaine commun, n'est pas au fond si inventeur qu'il en a l'air. On n'a point manqué à faire de pompeux dithyrambes en l'honneur du railway ; mais il est remarquable qu'à mesure que vingt mille kilomètres tout pareils s'ajoutaient au premier kilomètre, on n'ait point encore songé à fonder l'établissement complémentaire dont ce premier kilomètre suscite naturellement l'idée. Il y avait donc lieu de signaler avec insistance une convenance dont beaucoup de gens ont quelque sentiment, mais dont on ne paraît pas se rendre suffisamment compte [pour en pouvoir tirer parti dans la pratique. Les hommes qui organisent des hôtels pour mille personnes et mènent à bien tant d'autres entreprises beaucoup plus considérables encore, ne seront pas longtemps embarrassés pour disposer un caravansérail aux membres étendus sur la surface de la France entière et capable de recevoir un demi-million d'hommes. Disons cependant avec toute la défiance convenable, et uniquement afin de ne point laisser la rubrique tout à fait vide, quelques mots sur le chapitre des voies et moyens, en ce qui concerne l'établissement des Cités de chemins de fer.

VII.

Voies et moyens.

Un capital de cinq cents millions imprimerait à cette institution un premier et décisif élan. Il suffirait à couvrir le territoire entier de la France d'un réseau de Cités en rapport avec le mouvement actuel de la circulation sur nos lignes ferrées, depuis le pavillon-élément, ou membre détaché d'un établissement d'ordre supérieur pour le service d'une station de village, jusqu'aux Cités de première classe, dont l'assemblage ceindra comme un diadème le front du glorieux Paris. Si l'on suppose deux cents pavillons-éléments coûtant avec leurs dépendances deux cent cinquante mille francs chacun, ou ensemble cinquante millions ; soixante-quinze Cités de quatrième classe, capables de combiner deux pavillons par rapport à une construction-maîtresse et coûtant chacune un million, ou ensemble soixante-quinze millions ; vingt-cinq Cités de troisième ordre, susceptibles d'une plus vaste ordonnance, sur le pied de trois millions chacune, ou ensemble encore soixante-quinze millions ; une douzaine de Cités de seconde classe à huit millions, ou ensemble quatre-vingt-seize millions ; enfin cinq Cités de premier rang pouvant coûter jusqu'à vingt millions : il reste une centaine de millions pour supplément et pour fonds de roulement.

L'entreprise des Cités de chemins de fer, décrétée d'utilité publique, serait concédée à une seule Compagnie, afin de donner aux opérations la plus large base possible, et de couper court aux intrigues de bourse. Un cahier des charges, révisable dans certaines limites, fixerait, par première approximation vis-à-vis de l'État et du public, les obligations de l'entreprise. Celle-ci traiterait avec les diverses Compagnies de chemins de fer, à mesure qu'elles apprécieraient l'avantage de son intervention. Ces dernières devant recueillir un bénéfice manifeste de la transformation que les Cités sont destinées à favoriser dans les mœurs générales, seront disposées non-seulement à s'intéresser dans l'opération en fournissant une fraction convenable du capital applicable à chacune de leurs lignes, mais en outre à accepter des titres non négociables à la Bourse. Il importe que les chemins de fer soient engagés d'une manière directe et permanente à faciliter la circulation de tout ce qui concerne l'administration des Cités, le mouvement de leur personnel et de leur matériel, la distribution de leurs approvisionnements, l'aisance de toutes leurs dispositions intérieures et extérieures. Les Compagnies de chemins de fer pourront d'ailleurs se libérer par des annuités réglées à leur fantaisie, puisqu'il y aura toujours moyen d'escompter la valeur d'aussi solides engagements. On réalisera de la sorte, sans aucune émission de titres négociables, un capital suffisant pour procurer l'acquisition des terrains et pousser sur un grand nombre de points les travaux à un premier degré d'achèvement, correspondant à une appropriation partielle de chaque Cité. Ces établissements arriveraient, au besoin, à inaugurer leurs fonctions sans avoir fait aucun appel public de fonds, et l'on aurait le loisir de favoriser les combinaisons les plus propres à écarter tout inconvénient financier.

VIII.

Description d'une Cité de chemins de fer.

Le présent chapitre est dédié aux rêveurs, à ceux qui aiment à perdre leur temps et qui s'arrêtent volontiers à considérer curieusement toutes choses, sans savoir quel profit ils en retireront. Cet avertissement donné, je ne me ferai pas scrupule de m'attarder dans les sentiers tournoyants et sous les allées obscures, pourvu que d'aventure il s'en rencontre.

Si l'on veut un moment faire abstraction de la figure connue des villes d'aujourd'hui, pour essayer d'évoquer par l'imagination le spectacle que présenteront les demeures de l'homme lorsqu'avec l'aide du temps les chemins de fer auront façonné le monde d'après les convenances qui résultent de leur nature, on verra surgir un tableau qui n'aura guère de ressemblance avec ce qui frappe maintenant nos regards. Les amendements qu'on s'efforce dès à présent de faire subir aux villes que nous habitons n'ont avec les chemins de fer que ce rapport indirect qui tient au développement de la puissance financière et qui est propre à faciliter l'exécution de toutes les entreprises possibles. En principe, ces améliorations dérivent d'une impulsion antérieure et surtout étrangère à l'action des chemins de fer. C'est aux convenances des véhicules ordinaires perfectionnés et de la circulation sur les routes de terre parvenues à leur dernière expression que correspond l'idéal auquel les villes paraissent tendre actuellement. La notion même de ville, telle qu'elle est familière à nos esprits, est inséparablemet liée aux anciens procédés de locomotion ; l'action des chemins de fer ne peut s'exercer qu'en sens contraire des nécessités auxquelles elle doit son origine. Avec les moyens de communication dont on disposait autrefois, un point seul, dans un vaste territoire, pouvait être pleinement animé de la vie que comportent les sociétés civilisées. Au delà des faubourgs de chaque cité, le rapport des parties allait en s'affaiblissant promptement. Si le terme de capitale ou de chef-lieu suscite l'idée d'une communauté organique pour l'ensemble du pays, il faut avouer qu'au point de vue des chemins de fer et du télégraphe électrique, les plus éveillés de ces corps paraissent, même à l'heure qu'il est, plongés dans un état voisin de la paralysie. La concentration de toutes les forces vives d'une contrée en un seul lieu de sa surface et le dénûment plus ou moins complet de tous les autres districts étaient, avant la vapeur, des conditions forcées. Dans cette limite même, l'espace fait encore sentir son pouvoir par l'allanguissement relatif des extrémités et par la congestion au centre. On redresse les rues devant les véhicules plus rapides, mais on ne fait pas les maisons moins hautes et on les presse davantage. On élargit les grandes voies publiques, mais les derniers jardins particuliers disparaissent. On s'évertue à donner de l'air et de la lumière aux rues, mais le sol n'a plus qu'une valeur marchande et semble pavé d'effets de commerce. On voit, au sein des plus beaux quartiers, les familles se resserrer dans un appartement qui n'eût jadis fait qu'une chambre.

Cet écrasement des habitations les unes contre les autres, cet entassement des foyers domestiques les uns par-dessus les autres, cette tyrannie d'alignement horizontal et vertical, cette exclusion motivée de la fantaisie individuelle, ce monstrueux amas d'édifices où la froide symétrie de ces trouées qu'on appelle rues ne sert qu'à mieux faire ressortir la confusion de l'ensemble, cet amalgame incohérent d'exhibitions mercantiles ; cette dissonance affreuse de misère et d'ostentation à chaque pas entre-choquées, ce pêle-mêle d'institutions arbitrairement réunies, cette pléthore funeste qui enlève comme une trombe malfaisante la substance des campagnes pour l'étouffer dans les villes : tout cela porte bien le cachet indélébile de l'ancien mode de locomotion arrivé au dernier degré de sa perfection, mais fatalement enchaîné dans les nécessités de sa nature. Mais vienne la locomotive, qui, telle qu'un semeur infatigable, prendra les éléments humains dans ces entassements que nous nommons capitales, pour les répandre dans sa course ardente, comme elle jette au vent ses étincelles, et l'on verra peu à peu se réduire et se dissoudre ces agglomérations informes et malsaines. Plus de concentration forcée ni de lieux abandonnés. Plus d'engorgement factice sur un point au détriment de tous les alentours. Partout la circulation abondante d'une séve assainie et le libre mouvement de la vie. Ce n'est point à dire que les hommes ne vivront plus en société et qu'on ne verra plus de constructions monumentales. Bien au contraire, l'art retrouvera des hardiesses grandioses dont la tradition semblait à jamais ensevelie avec les civilisations de l'Inde, de l'Égypte et de la Perse antique; mais il aura contracté avec la nature une alliance dont ces civilisations n'eussent pu concevoir l'idée. Les champs et les bois, les jardins et les vergers viendront réclamer dans le tableau des Cités une place qui leur sera largement accordée. Ce n'est pas à dire aussi qu'il ne se trouvera plus de retraites particulièrement agrestes. Mais l'intelligence partout présente et développée en fera, non moins que de tout autre lieu de la terre, le centre moral de la civilisation.

Mais qui oserait dire combien de siècles il faudra aux chemins de fer pour prendre rang à leur tour parmi les choses usées après avoir accompli leur mission dans l'histoire comme appareil de distribution des populations humaines ? Ou qui prétendra fixer des contours impossibles à saisir à une pareille distance ? Quittons ces lointaines et vaporeuses perspectives, et cherchons à nous façonner quelqu'image de ce que les Cités de chemins de fer peuvent devenir dès demain, de la forme sous laquelle elles feront leur première apparition au sein de la civilisation actuelle.

Le génie de l'architecture, étouffé dans l'enceinte des villes, se verra pleine carrière pour lutter avec l'idéal nouveau que l'esprit moderne commence à entrevoir. Rien ne l'empêchera de faire de ses créations le digne objet de la curiosité universelle. Il aura le choix des sites pittoresques, et dans la conception de ses plans il sera libre de tirer hardiment parti des accidents de la nature.

Prenons un exemple entre cent autres que pourra se proposer la fantaisie de l'artiste. Sur un emplacement comme celui qu'offre la butte de Monrion, près de la gare de Lausanne, ou sur tout autre terrain en pente exposé devant un beau paysage, la Cité, partant d'une construction centrale au sommet, descend des deux côtés d'un vaste amphithéâtre de pelouses et de jardins qu'elle embrasse par des pavillons indépendants et faisant tous face à la vue. La courbe sur laquelle les pavillons s'ordonnent par échelons à droite et à gauche est ouverte de

manière que non-seulement chacun d'eux ne mas-
que pas celui qui lui est immédiatement supérieur,
mais encore de sorte à laisser de l'un à l'autre,
dans la projection du front général, un intervalle
d'où jaillit un vigoureux bouquet d'arbres de haute
futaie. Les jardins particuliers qui bordent chaque
pavillon, reliés dans l'œil du spectateur en un
soubassement continu, sont dominés par d'élé-
gantes vérandas présentant une ordonnance in-
férieure d'un genre rustique et propre à rompre
sans dureté la monotonie des grandes lignes de
pierre; tandis que les berceaux de cristal qui ser-
vent de couverture aux édifices accompagnent par
en haut le plan général d'une traînée de lumière
montant de part et d'autre en escaliers étincelants,
comme pour soutenir la coupole transparente de la
construction centrale. Si la pente se prolongeait
au-dessus de la Cité, les plantations ménagées en
arrière pour l'ornement de l'enceinte extérieure
formeraient aisément, en étant établies à une distance convenable, un encadrement naturel pour le
tableau vu du lac ou de la plaine.

Il sera digne d'envie, ce me semble, le premier
à qui le progrès des temps permettra de déployer
ses facultés dans une aussi vaste carrière. L'ho-
rizon des arts, subitement agrandi à sa vue, lui ré-
vélera le sentiment de leur imposante unité. Je le
vois de loin, qui s'interroge tout troublé en face
de l'œuvre à peine éclose de sa pensée. « Qu'ai-je

fait, se dit-il, et ne suis-je plus un architecte? Si vraiment, car ce sont là les demeures des hommes, et jamais encore la pierre obéissant à mes conceptions ne s'assembla en formes si bien appropriées aux besoins de mes contemporains, ou traduisant plus glorieusement l'activité d'un peuple entier. Je ne fus jamais sculpteur, pas même en songe. D'où me vient cependant cette intuition si nouvelle pour moi du principe qui domine la statuaire et l'architecture, et d'où procède la beauté de chacune d'elles? Cette perfection magistrale, définitive du temple conçu par la Grèce, l'unité organique, la pensée rayonnant comme du sein de son foyer au front du monument, la rigoureuse symétrie des parties le long de l'axe principal, la proportion excellente de toutes et de chacune, la grâce incomparable des lignes ou des contours, en un mot, cet harmonieux ensemble de membres merveilleusement agencés et mis au service de l'idée, n'est-ce pas là, en effet, la copie des perfections intelligibles de l'esprit, en tant qu'elles peuvent être réflétées par le corps de l'homme? Génie de la statuaire, tu n'as pas façonné seulement les dieux sortis de la main de Phidias; c'est encore toi qui te plus à resplendir sous une forme plus abstraite, mais non moins éclatante, dans le sanctuaire même qui les abritait. Ta vertu, je le sens, n'est pas épuisée. Dès longtemps tu aurais fait davantage pour les pauvres humains, si, moins ap-

pliqués à s'entre-détruire, ils avaient pu élever jusqu'aux régions que tu éclaires la méditation par laquelle ils concevaient leurs propres demeures et
l'aspect de leurs villes. La poésie, toujours riche
et généreuse, s'est plu bien souvent à représenter
nos cités et nos bourgades sous des images animées
par l'intelligence et le sentiment : mais jusqu'ici
cet honneur n'était pas mieux justifié que celui que
les habitants du fond des mers rendraient aux po-
lypes informes parmi lesquels ils se promènent, s'il
leur convenait de les comparer aux astres du fir-
mament. Et pourtant cette Cité nouvelle qui frappe
mes regards, cet ensemble agréable et si clairement
lié, cette portion capitale qui se dégage et commande
au loin, ces parties qui se répondent et s'équili-
brent, ces mille détails qui, dans leur diversité
capricieuse, manifestent l'épanouissement d'une
seule volonté, est-ce là quelque hallucination de
mon cerveau fatigué, ou bien est-ce l'inspiration fa-
vorable du génie de l'art qui reprend sa marche en
ouvrant à nos efforts une carrière nouvelle ? Je crois
voir quelque image de la Paix immortelle enfin des-
cendue sur la terre et qui, dans sa tranquille majesté, du haut de ces collines dont elle s'est fait un
siége, abaisse sur la vallée son regard protecteur.
Oui, je salue pour la première fois la vivante apparition d'une ville, et combien je plains maintenant ces pauvres statuaires de mes amis qu'on obli-
geait jadis à feindre qu'ils taillaient dans le mar-

bre les figures de Paris, de Lille ou de Strasbourg! »

Notre homme n'est pas au bout de ses étonnements. Tout en saisissant avec émotion la majesté idéale de l'architecture grecque, il est amené à se rendre compte des limites infranchissables qui lui étaient imposées. Mais on ne peut le suivre qu'en s'enfonçant davantage dans ces allées obscures où nous voilà engagés déjà et dont le danger a été signalé au commencement du chapitre. Celui qui se défie de l'aventure est encore à même de se retirer pendant qu'on aperçoit comme un point lumineux l'entrée de l'avenue.

S'il est vrai que les perfections dont brille la statuaire, proportion ou convenance ou mesure définie, symétrie ou juste équilibre des parties correspondantes, belle forme, c'est-à-dire expression dans le contour, par-dessus tout, l'unité sereine glorifiée sous le nom d'*ataraxie*, sont autant de traits essentiels à la constitution de l'esprit classique, bien plus qu'au corps humain; que c'est lui du moins qui les y relève et les exalte en les faisant servir de reflet à sa propre image; que ces révélations éminemment intellectuelles ne procèdent pas de la matière, mais l'éclairent et la transforment en se tournant vers elle : il n'est pas moins certain que la statuaire, dans son idéal simple et défini, est le dernier effort de l'art grec, parce que les perfections dont elle est susceptible épuisent l'intuition de la conscience païenne. Au delà commence un monde où il ne lui a pas été donné d'entrer. C'est cette vie nouvelle qui, au xve et au xvie siècles, choisit la peinture pour miroir de ses perfections plus intérieures. Tout ce qui tient à l'essence intime de la peinture est essentiellement moderne. Ainsi la couleur, au sens antique, c'est la splendeur d'une atmosphère méridionale baignant tous les objets dans la chaude transparence de ses ondes empourprées. Rien ne se pouvait voir ni concevoir incolore. Tel est le sens tout impersonnel et le secret fort élémentaire de la couleur ou plutôt de la polychromie chez les anciens. Aussi elle appartenait d'une façon primordiale et constitutive à l'architecture, comme le fait observer avec une grande justesse M. Hittorf, dans son magnifique ouvrage sur la Sicile (1). Bien autrement humaine est la notion

(1) Il faut voir avec quelle vigueur et quel sentiment M. Hittorf fait ressortir cette vérité : « Ce système est tellement en harmonie avec la richesse de la nature, dit-il, qu'il aurait peut-être fallu s'étonner davantage de n'en pas avoir trouvé l'application sur les monuments de la Sicile. Lorsqu'on a visité l'antique Trinacrie, qu'on a vécu dans le pays, qu'on a pu admirer le ciel de cette terre fortunée ; quand on a vu le soleil répandre sa clarté matinale sur toute la surface de l'*île verte* et l'envelopper de ses derniers rayons comme d'un réseau d'or ; quand on a observé les brillantes couleurs qui nuancent en Sicile le laurier, le palmier, l'aloès, le myrte, l'oranger, en un mot tout ce que le sol produit au sein du désert comme au milieu du champ cultivé, on demeure convaincu que l'artiste devait puiser ses inspirations dans les beautés qui l'entouraient et enrichir l'œuvre de l'art de tout l'éclat de la nature. » (*Prospectus de l'architecture antique de la Sicile,* par Hittorf et Zahn, 1 vol. gr. in-folio.)

flamande et vénitienne de la couleur. Les carnations de Rubens, en la faisant jaillir des profondeurs de la vie, se répandre du dedans à la surface, nous apprennent que le sensualisme moderne domine en quelque manière la nature de plus haut que le spiritualisme ancien. Et que dire de ces lueurs dont Rembrandt éclaire ses voûtes sombres et le front chauve de ses vieillards ? Pareillement, en ce qui concerne l'expression, si l'art antique en était sobre, ce n'est point qu'il la dédaignât, comme on nous l'enseigne, en vertu d'une théorie qui serait encore à notre usage ; c'est tout simplement qu'il ne pouvait ni la représenter, ni même se l'imaginer autrement que par l'action matérielle, et c'est à cette dernière que le sens de la convenance, inné chez les Grecs, appliquait systématiquement une modération de bon goût. Il suffit, pour s'édifier à ce sujet, de considérer que dans les marbres d'Egine qui représentent l'aurore de la période excellente de l'art grec, et où les formes du corps sont arrivées à leur perfection, le visage est resté « bestial » selon le mot peut-être un peu rigoureux de M. Fortoul. On peut être assuré que la fameuse tête voilée d'Agamennon par Timanthe, s'il nous était donné de la voir telle qu'elle apparaissait à l'esprit de l'artiste, serait à mille lieues de répondre à ce que nous attendrions en telle occurence. Enfin personne ne songe à se représenter sérieusement le paysage chez les anciens. Mais on n'a pas tout expliqué en reconnaissant qu'ils ne connaissaient ni le clair-obscur, ni la perspective aérienne. Ce n'est pas par hasard que ces moyens leur manquaient, comme ce n'est point accidentellement qu'ils ont découvert les règles de la proportion, ni accidentellement non plus que cette même découverte avait échappé au génie des civilisations antérieures. Contemplez, je ne dis pas le paysage historique de Poussin, mais les toiles en apparence pure nature de Claude Lorrain, de Ruysdael, Hobbema, Wynants; vous sentirez bientôt que la perspective aérienne, quoique prise sur le fait dans les vallées et sur les montagnes, est la révélation d'une conscience qui porte en elle-même ses lointains, ses horizons toujours plus reculés, et qui fait resplendir ses propres profondeurs dans les aspects de la nature. En un mot, il n'y avait rien dans la conscience grecque en dehors des perfections que la statuaire se prêtait à refléter. L'architecture ne pouvait donc être qu'une reproduction abstraite de la statuaire, à peu près comme une formule d'algèbre résume les données concrètes de l'arithmétique. Oubliez l'analogie intermédiaire du corps physique, vous trouvez la ressemblance fondamentale du même homme, et sans que le moindre trait soit ajouté à ceux que comporte le procédé de la statuaire. L'architecture du moyen âge, qui est si loin de pouvoir se comparer à l'architecture grecque pour sa valeur esthétique, est du moins supérieure à cette dernière par l'avénement du sentiment moral qui s'y produit sous une forme mystique et confuse, mais cependant imméconnaissable.

Telles sont les réflexions qui assaillent, je le suppose, notre artiste cherchant à se rendre compte des limites inhérentes au principe même de l'architecture grecque. Après quoi, levant de nouveau les yeux sur son œuvre, il termine à peu près ainsi son monologue rêveur : « Les barrières sont dès longtemps tombées et que n'eussent point accompli tant d'ouvriers de génie s'ils avaient eu les mains libres ! car c'est bien un tableau, cette vision qui m'obsède maintenant. Un pinceau tout puissant s'est, à mon insu, agité sous mes doigts. Une palette enchantée m'a fourni ces tons largement répandus et d'un heureux accord, ces couleurs qui s'appellent et se poursuivent gaiement, nuançant à leur passage les jardins et les pelouses, l'étincelle de la corbeille de fleurs et la bordure sérieuse des grands bois. Jadis une ville était une tache au milieu d'un espace qui rarement pouvait passer pour un paysage. Mais ici je ne saurais séparer cette vie, cette nature, ces coteaux, ces forêts, ce lac, ces ruisseaux, et tous ces plans divers qui se fondent dans une paisible harmonie. Et moi aussi, je suis donc peintre ?... »

Mais laissons ce trop heureux songeur, que déconcerte le soudain essor de son génie. Une fois si bien lancé dans le monde de la fantaisie, il finirait par se demander si la Cité nouvelle n'est pas quelque instrument magique qui exécute des symphonies inconnues, ainsi qu'aux yeux du sage Pythagore les astres se livraient à la danse en chantant une ronde immortelle. Laissons-le à ses illusions, et revenons si vous en avez encore le courage, aux prosaïques exigences de ce bas monde.

Il faudrait y mettre véritablement de la mauvaise volonté pour manquer à communiquer au séjour des Cités un attrait particulier. Il n'y a pas jusqu'à la Cité de dernier ordre, au pavillon élémentaire annexé à une station de village, qui ne soit susceptible d'être doté d'agréments que peu de gens ont à leur portée. Quelques douzaines de colonnettes de fonte, soulevant le léger édifice d'une cage de cristal, lui donneront à peu de frais le luxe d'un jardin d'hiver proportionné à ses dimensions. Ce jardin, qui s'agrandira et se diversifiera avec l'importance des Cités, permettra à leurs habitants d'oublier en toute saison et à toute heure les intempéries au milieu des fleurs. Une rotonde de lecture, un bazar pour la vente de tous les objets d'utilité ou de fantaisie, d'autres ressources de récréation faciles à varier, sont ménagées dans le pourtour du jardin d'hiver et agréablement disposées parmi la verdure.

Cette peinture et tous les détails qu'on pourrait y ajouter n'ont rien en soi de fantastique. Il y a un luxe absolu qui tient au fond des choses et ne se remarque que par rapport à un ordre entièrement différent. Le wagon de troisième classe ne peut se vanter d'être un objet de luxe sur les chemins de fer, et cependant il y a relativement à la berline de poste la plus somptueusement établie, un luxe absolu de locomotion que le wagon de quatrième classe, sans couverture ni banquettes, du grand-duché de Bade, partage avec le salon splendide d'un train royal. Par le fait seul que les autres conditions de l'existence matérielle seront mises en harmonie avec le mode nouveau de transport, ce qu'elles offriront de plus élémentaire aura par quelque côté une supériorité frappante vis-à-vis de ce qu'il y avait de plus favorisé dans un ordre antérieur.

IX.

Arguments et objections.

Pour résumer dans un aperçu sommaire les principales considérations qui militent en faveur des Cités de chemins de fer, il convient de remarquer d'abord combien leur établissement est peu coûteux, relativement à l'importance de leur objet. C'est ce qui ressort assez de la comparaison d'un pareil projet avec la plupart de ceux qui se font jour dans le public, comme le percement de l'isthme de Suez, la conception d'un tunnel sous la Manche, dont on attribue la pensée (M. Michel Chevalier, si je ne fais erreur, l'a dit en propres termes) à de bons esprits, et une foule d'autres plans infiniment moins grandioses vers lesquels on se flatte de détourner un Pactole au premier appel. Dans la fureur de spéculation qui infesta l'an dernier l'Allemagne et la Suisse allemande, on fondait dans chaque province et dans chaque canton d'énormes machines de crédit pour commanditer des industries qui ne demandaient rien et souvent même n'existaient seulement pas. En telle ville de quatrième ou cinquième ordre, on proposait d'emblée une association au capital d'une cinquantaine de millions, et à l'instant (on se refuserait à croire un fait si étrange, si un pareil souvenir comptait plus de quelques mois de date) les souscriptions affluaient pour plusieurs centaines de millions. Il va sans dire que ces ballons ridiculement gonflés ont bientôt crevé, et la plupart de ces ambitieux projets n'auront vraisemblablement pas eu de suite. Mais l'ardeur de cet élan peu motivé suffit à montrer que trouver cinq cents millions pour fonder les Cités de chemins de fer ne serait pas une affaire.

En ce qui concerne les chances de succès de l'entreprise, on doit considérer qu'elle se met simplement en harmonie avec la transformation matérielle en grande partie effectuée dans le procédé de locomotion. Elle ne fait qu'entrer dans l'esprit d'une loi qui a déjà façonné le ressort spirituel des mœurs. Il est permis d'avancer que les milliards qui ont été appliqués dans le monde aux chemins de fer (l'Angleterre en a dépensé de la sorte sept à elle seule) ont été employés à préparer la carrière aux Cités de chemins de fer et pèsent de tout ce poids prodigieux en faveur de l'avenir de ces établissements. Il faut songer encore que la hausse singulière et continue des loyers, particulièrement à Paris, est un gage de la réussite immédiate des Cités, en même temps que leur succès sera le signal de la baisse des loyers.

On peut rappeler que la vertu de la circulation vivifiée par les Cités de chemin de fer, sera de guérir l'engorgement anormal de la civilisation, en faisant participer tous les points du territoire à l'intérêt et à la vie du mouvement moderne.

Envisagée dans son principe ou ses tendances cette création est profondément distincte de toute conception socialiste, par cela même qu'elle n'est point organisée en vue d'un idéal abstrait ou pris arbitrairement en dehors des mœurs actuelles. Elle donne plein essor à ce besoin d'indépendance individuelle qui est l'un des éléments de la dignité humaine et dont la juste protestation frappe de la désignation malsonnante de socialisme tous les systèmes condamnés à ne se pouvoir produire sans lui faire violence. La Cité de chemins fer n'implique entre ses habitants aucun rapport obligatoire de quelque genre que ce soit.

Que si l'on signalait dans cette indépendance acquise à l'individu civilisé un danger pour la cohésion des éléments de l'ordre social, ce serait assurément prévoir les malheurs de bien loin. En entrant toutefois dans cette préoccupation, il importe de faire observer qu'en tout domaine la cohésion n'est qu'une forme de la gravitation, qu'elle ne résulte pas du simple rapprochement des parties dans une immobilité réciproque, mais plutôt de leur commune participation à l'influence d'un tourbillon en rapport avec leur nature et avec l'ordre général de leur univers. Quand le problème de l'existence matérielle des Cités de chemins de fer aura été résolu dans la pratique avec un certain développement, il ne peut manquer de se produire un grand mouvement d'opinion en vertu duquel, réagissant contre le monopole impersonnel qui aura favorisé leur éclosion et leur première croissance, elles ne tarderont pas à se racheter individuellement pour se gouverner elles-mêmes dans les limites de la compétence municipale. Il deviendra manifeste alors, que dans la mobilité même de leurs éléments, elles offrent le germe de la commune de l'avenir, de celle dont la cohésion sera seule en harmonie avec les conditions générales de l'époque. Car on ne peut se dissimuler que la commune qui subsiste aujourd'hui

comme un héritage du moyen-âge et qui se rattache
à la féodalité, a dès longtemps perdu son principe
interne d'unité. On ne saurait, quoi qu'on fasse,
l'empêcher de se résoudre en poussière sous l'influence perturbatrice de la gravitation moderne.
Elle s'est essentiellement propagée dans l'Europe
civilisée sous l'inspiration d'un esprit de résistance
contre une oppression venant d'en haut ; elle se voit
sans objet comme sans pouvoir contre un danger
qui vient aujourd'hui d'en bas. Loin d'être un appui
solide pour l'État, elle n'existe elle-même que par la
protection dont celui-ci est capable de la couvrir ;
ses éléments ne demeurent unis que par la pression
qui maintient extérieurement leur cadre. Il est à ré-
marquer que le terme de commune n'acquiert chez
nous d'importance que dans les temps de trouble, et
c'est un sens sinistre qu'il prend alors. Au contraire,
les nouvelles Cités entreront comme des matériaux
solides dans la pyramide de l'état. Elles seront capables d'offrir aux institutions un appui résistant et
qui ne menace pas de s'effondrer au moindre trem-
blement du sol. Il suffirait de mettre chez nous
ces établissements au bénéfice du droit commun
dont jouissent toutes les entreprises reconnues d'u-
tilité publique, pour les voir surgir de toutes parts
et se propager à la surface du monde entier plus
vivement encore que n'ont paru les chemins de
fer.

Il n'est plus temps de délibérer sur les inconvénients inhérents à une pareille extension de la faculté d'expropriation. L'exécution du premier kilomètre de chemin de fer, même sans expropriation, renfermait en principe une transformation de la propriété. Nous avons fait tout ce qu'il faut pour changer cette simple virtualité en un danger imminent. L'aisance avec laquelle nous avons, pour obtenir il est vrai des résultats inouïs en ce qui concerne le progrès de l'édilité publique et privée, pratiqué l'expropriation sur la plus vaste échelle, est un fait sur lequel on ne peut revenir. A moins d'être absorbé dans un optimisme absolument aveugle, on ne saurait se dissimuler que c'est là un essai qui peut avoir de terribles conséquences. C'est une leçon dont, il faut le craindre, la sédition montrera qu'elle a pris bonne note, si jamais son jour se présente. Entre le fait accompli de cette leçon et l'éventualité du commentaire que la multitude rédigerait à sa façon, que l'on place comme trait-d'union l'idée de cette brochure qui a paru dernièrement : *Pourquoi des Propriétaires à Paris?* et qu'on dise s'il n'y a pas là matière à réflexion. En présence d'une pareille situation, j'estime que réaliser immédiatement l'institution complémentaire de celle des chemins de fer est peut-être le dernier moyen qui puisse permettre à la propriété de forme ancienne ou nouvelle de se prémunir contre un coup de main de l'anarchie. Mais le sujet est délicat et le terrain glissant à développer de pareilles remarques. Je laisse à de plus hardis ou à de plus habiles à l'explorer en détail, et je me contente d'une réflexion qui ne saurait trouver de contradicteurs. Si le renom de la seule Alexandrie a pu faire à travers les âges un cortége immortel à la mémoire de son fondateur, qui osera dire ce que la postérité né sera pas disposée à pardonner à un gouvernement qui, au milieu des perplexités de notre vieille civilisation, aurait semé à pleines mains les Cités de la civilisation nouvelle ?

Mais la perspective d'une mobilité indéfinie acquise à la personne humaine excite les appréhensions de certains esprits qui confondent mal à propos la faculté de se mouvoir avec la nécessité d'être mû. Selon leur estime, le calme de l'âme et tous les biens qui en dépendent vont disparaître de la terre parce que l'on pourra facilement déménager d'une ville à l'autre ; le patriotisme et l'amour des localités n'attendaient que ce signal pour s'enfuir du cœur de l'homme. Cette crainte exagérée repose sur une appréciation qui manque elle-même de calme. A y bien regarder, ce que l'homme cherche parmi ses agitations et ses soucis, ce n'est ni le mouvement, ni le repos, mais le pouvoir de se déterminer librement pour l'un ou pour l'autre. Son instinct le porte vers l'un selon qu'il a l'impression que la destinée le veut contraindre à l'autre. Par opposition au mouvement et au repos qui ne sont de soi que l'agitation ou la torpeur physiques, la mobilité est presque un état moral. Elle élève et retient dans une sphère supérieure, à mesure qu'elle se développe, l'intérêt de l'être intelligent. Le mouvement et le repos cessent peu à peu de troubler et d'engourdir la pensée pour devenir les manifestations volontaires dans lesquelles elle se contemple et se réjouit. Et c'est justement dans cet état d'équilibre spirituel que le ressort qui tire le cœur de l'homme au patriotisme et à l'amour des lieux recouvre toute la puissance dont la nature l'a doué. Nous sommes portés à nous figurer que du moment où les hommes jouiraient d'une indépendance véritable par rapport à l'espace, on ne verrait plus que des populations nomades, un tourbillonnement d'atomes dispersés dans le chaos, l'anéantissement complet des liens de société, de famille, d'amitié. C'est une erreur qui tient au peu d'habitude que nous avons de voyager. Il est de fait, au contraire, qu'à mesure que l'homme possède l'espace par une domination réelle, il éprouve moins ce besoin inquiet de changer le siége de sa résidence habituelle; il apprécie davantage le lieu particulier qui lui sert de centre et de point de comparaison pour tous les autres. Le domicile ne sera pas moins réel parce qu'il résultera d'une préférence motivée et d'un libre choix. Seulement le champ de l'activité ordinaire et des diversions occasionnelles sera élargi en même temps que l'agitation qui, en raison de mille obstacles petits ou grands, accompagne aujourd'hui le m uvement, se dissipera. On vivra dans une province comme aujourd'hui dans un arrondissement, et dans un continent comme aujourd'hui sur un territoire national. Les classes moyennes jouiront des facilités de déplacement qu'ont à présent les gens riches et même d'un peu plus encore. Les classes laborieuses verront leurs facultés de locomotion élevées au niveau de celles que possèdent actuellement les familles bourgeoises ou plutôt sensiblement au-dessus. Dans les Cités de chemins de fer prises en masse, les diverses catégories de passants, de résidents temporaires et d'habitants sédentaires ne constituent, pas plus que dans nos villes et nos campagnes, des populations essentiellement distinctes. Ce sont les mêmes personnes considérées à différents moments de leur existence, dans l'exercice de leur activité habituelle, dans la jouissance des séjours de plaisance qu'elles peuvent s'accorder avec un calme bien peu connu aujourd'hui, dans le parcours intermédiaire qu'elles font sans hâte en se rendant au lieu élu pour leur repos. La même Cité est comme aujourd'hui nos villes et nos campagnes, à l'un le centre habituel de ses travaux et de ses préoccupations, un lieu familier qu'on a besoin de quitter quelquefois pour le retrouver avec plus de plaisir; à l'autre, un endroit inconnu, surprenant, et dans lequel un mois de séjour semble promettre des impressions neuves et variées. L'habitant de la localité s'étonne et sourit de ce qui lui paraît une naïveté et court chercher aventure au lieu que vient de fuir l'objet de sa raillerie. Pour un troisième enfin le mérite de ces mêmes parages semble suffisamment mesuré par un arrêt d'un jour ou d'une heure, tandis qu'il va plus loin trouver une nature qui réponde mieux à sa disposition d'esprit. Les associations factices ou arbitraires se dissoudront, parce qu'il sera plus aisé d'obéir aux affinités réelles. Mais les liens fondés dans la nature prendront tout l'empire qu'ils n'exercent parfois aujourd'hui que de nom. Nombre d'honnêtes gens se persuadent, faute de se bien connaître, qu'ils demeurent cloués en leur place par la seule vertu de cet aimant providentiel dont ils admirent complaisamment l'effet dans leur vie. Mais plusieurs de ceux qui commencent à en éprouver réellement le pouvoir véritable se|voient privés, qui sait ? peut-être par la possession d'un riche mobilier qu'ils ont, comme on dit, sur les bras, de la douceur de regagner des lieux qu'ils regrettent avec une sourde amertume.

Après tout, la question est de savoir si la révolution proposée ici est arbitrairement imaginée, ou si elle résulte de la nécessité inéluctable des choses. Dans le premier cas, elle ne peut aboutir, quand même les moyens en seraient moins imparfaitement déduits que je ne l'ai su faire. Dans le second cas, il serait superflu d'objecter qu'ils ne sont pas suffisamment indiqués ; il s'agit de se mettre à chercher et à trouver mieux. Ce qui importe et ce qui mérite discussion, c'est le principe. Le génie routinier de notre pays nous constitue plus que d'autres en état de protestation contre les chemins de fer, dans le même temps que notre avidité de spéculation en multiplie avec ferveur la puissance. Nous en prétendons construire indéfiniment et nous entendons que leur effet propre ne se déploie point et que leur vertu spécifique demeure comme si elle n'était pas. Il est évident que cette puérile opposition ne saurait prévaloir. Il ne suffit pas de fermer obstinément les yeux à la nature des faits pour l'empêcher de se produire. Si nous laissons se transformer totalement le système fondamental de la distribution des personnes et des choses avant d'avoir rien tenté pour mettre le reste des éléments de notre vie matérielle en harmonie avec une pareille modification, l'équilibre s'établira de lui-même un jour par quelque brusque secousse et sans les ménagements que la raison est propre à faire intervenir quand elle est employée avec discernement pour adoucir les transitions. On comprend qu'un si grand changement à opérer de propos délibéré étonne, afflige, irrite bien des gens respectables, car ce n'est pas moins que le passage d'une civilisation à une autre, et une pareille aventure ne peut s'affronter sans quelque péril, sans heurter du moins beaucoup d'habitudes et de préjugés, de manières de voir et de sentir. Il en est comme d'un incendie qu'on aurait d'abord alimenté au lieu de le combattre ; plus on attend, plus est grande la part à dévouer au feu. Le danger ne vient pas de ce qu'on ouvre enfin les yeux à l'évidence, ni de ce qu'on propose quelque remède étrange comme les Cités de chemins de fer; il vient des chemins de fer eux-mêmes qui en cinquante ans auront modifié les procédés de locomotion plus radicalement que dix siècles entiers n'avaient pu le faire jusqu'à présent.

Quant à ceux qui déplorent en principe et qui condamnent sans rémission le caractère même du siècle où nous vivons, qui blâmeraient par exemple la conception des Cités de chemins de fer comme ne correspondant que trop fidèlement à la tendance avérée de l'époque, leur scrupule peut offrir la matière d'un débat digne assurément d'occuper l'attention de tout homme sérieux, mais sensiblement autre que celui dont c'est ici le lieu. Cela même fournit cependant l'occasion de faire remarquer, sans entrer plus avant dans une pareille querelle, que l'erreur de ceux qui se livrent à tant de sollicitude en faveur de la vie morale selon eux compromise par le développement industriel, est de ne point concevoir assez nettement la distinction de ces deux sphères. Aucune déclamation spiritualiste ne saurait faire qu'il n'y ait pas un domaine des forces de la nature, comme aucun progrès matériel ne saurait subvenir aux nécessités de la vie morale. L'accueil grondeur que certaines personnes jugent méritoire d'affecter aux conquêtes de l'un, semble indiquer qu'on ne se rend pas clairement compte de la nature indépendante de l'autre. La vie morale individuelle a toujours été rare parmi les hommes et sa sphère limitée même pour ceux qui paraissaient dominer spirituellement les autres. Ce qui cause une illusion au profit des temps anciens, c'est que les entraînements collectifs avaient autrefois une forme plus intellectuelle. Ils sont, conformément à leur aptitude véritable, tombés dans le champ matériel à mesure que celui-ci s'ouvrait à leur action. A mesure aussi que l'élément spirituel s'aguerrit, il prend possession de son domaine propre qui est le for individuel. Il tend à dégager celui-ci de l'âme passive de la foule et des limbes de la vie impersonnelle. On verra peut-être encore quelque jour des effets singuliers de ces influences irrésistibles qui bouleversaient jadis l'atmosphère des esprits ; mais si personne n'échappe complétement à leur pouvoir, plusieurs l'analyseront. Que divers problèmes soient résolus de manière à aplanir jusqu'a un certain point les difficultés de l'existence matérielle et qui sait si l'âme collective, fatiguée de sa longue tension sur les nécessités de la vie d'ici bas, ne protestera pas par un retour fervent de la multitude à des aspirations plus relevées, et par un mépris contagieux des intérêts égoïstes, ainsi qu'on vit aux approches de l'an mil la chrétienté entière comme un seul homme s'apprêter à mourir ? Ce sont là de ces phénomènes d'excitation nerveuse endémique dont la nature semi morale et semi physique ne saurait plus obtenir le respect superstitieux qu'elle imposait autrefois. Ils ne conservent guère maintenant de prestige qu'aux Etats-Unis, chez ce jeune peuple aux prises avec la nature et accessible aux crises de merveilleux qui caractérisent l'enfance intellectuelle. Partout ailleurs ils tombent dans le domaine des passions politiques et des entraînements industriels. C'est en des régions plus pures et inaccessibles à toute cette confusion que se révèlent les véritables péripéties du drame spirituel. Si l'on veut s'enquérir de l'état du principe moral au temps présent, ce n'est point dans le tourbillon bruyant qui s'agite autour de nous et dans le domaine de l'industrie qu'il faut chercher ses informations. La seule voie ouverte pour arriver à ce monde intérieur est celle que chacun se fraye selon ses forces en descendant en soi-même. On trouvera de cette façon, il n'en faut pas douter, que le progrès de l'individualité morale n'est, quoi qu'on en dise, pas arrêté par la concurrence de la vapeur.

X.

CONCLUSION.

Mais en effet, quand on considère la révolution singulière que les chemins de fer ont en si peu de temps accomplie ou rendue inévitable dans le monde civilisé, on ne peut se défendre d'une impression, qui échappe par sa nature étrange et imposante au domaine positif de l'industrie. Evidemment nous avons sous les yeux un exemple remarquable de ces entraînements physiologiques qui jouent un rôle si important dans les grandes crises de l'histoire et sous la pression desquels l'esprit collectif, violemment arraché à l'inertie qui lui est habituelle, se lance avec une sorte de vertige en des aventures où la pensée la plus audacieuse n'aurait osé prendre sur elle de l'engager sans ménagement. C'est le procédé tout passif et impersonnel en vertu duquel, dans certains cas exceptionnels, le sens public et les organisations pratiques embrassent et débordent les horizons intellectuels qui échappent à leurs facultés ordinaires, et se précipitent tête baissée bien au-delà du but que dans la pleine possession d'eux-

mêmes ils auraient jugé parfaitement chimérique.
Le secret de ces marées vivantes qui ont jeté sur
le monde romain les invasions barbares et qui
ont poussé à leur tour vers l'orient le flot des croi-
sades, le charme de ces influences qui en des temps
d'indicible misère surent élever au ciel d'innom-
brables cathédrales, c'est aussi le secret et le
charme par le pouvoir desquels notre génération
tourmentée a poursuivi sur une échelle immense ces
routes fabuleuses qui comblent les précipices et
traversent les montagnes au niveau de la plaine.
Les perspectives idéales qui semblaient ne devoir
être que l'aliment de la pure spéculation contem-
plative, auxquelles le penseur qui se possède n'eût
accordé qu'une valeur philosophique ou sentimen-
tale, et tout au plus une actualité poétique ou littéraire, ce vague mirage se trouve avoir effective-
ment déterminé l'action des peuples civilisés, et
s'est traduit par la brusque transformation de l'une
des conditions essentiellesde la vie des nations.

En présence d'un entraînemennt si extraordi-
naire, le calcul des probabilités statistiques est em-
porté à vau-l'eau. Malgré qu'on en ait, on abandonne
en chemin pour courir avec tout le monde cette
allure réservée qui convient aux observations sages
et comporte mal la ferveur de l'élan lyrique. On
finit par se laisser gagner au délire universel. Et de
vrai, dès qu'on applique aux découvertes qui sur-
gissent et s'accumulent sans trêve devant nos pas

la moindre part de cette ingénieuse contention d'esprit que l'on consacrait naguère si volontiers à démontrer après coup la révolution que devaient produire la poudre à canon, la boussole, l'imprimerie, il est certain qu'on voit des horizons étranges s'étaler au regard. Les personnifications les plus audacieuses empruntées par l'imagination des Grecs aux puissances cosmiques, les rêveries les plus extravagantes des nuits arabes sont absolument éclipsées par la réalité qui dès maintenant s'agite sous nos yeux. On dirait que la nature a reconnu son maître et s'apprête à le servir. Le monarque étonné bégaie à peine son premier commandement, et déjà elle le porte à la face de son empire comme si les monts et les vallées n'existaient pas. Son char vole plutôt qu'il ne court. Il se meut si exempt d'entraves, qu'on pourrait croire sa route tracée dans le milieu éthéré des corps célestes. Supposez un double sillon de fer embrassant la ceinture du globe, et dès aujourd'hui l'homme parcourra ce cercle magique par deux fois dans le même temps que la lune, notre pâle satellite, ne l'enveloppe qu'une fois. Comme pour saluer l'avénement d'un règne nouveau et en refléter la gloire, la planète se voit revêtue d'un système nerveux qui par la communion instantanée des parties en va faire un organisme vivant. Car ces léviathans de création humaine qui fendent l'air en soufflant le feu, ne sont que l'immobilité même en présence de ce messager invisible pour qui les points les plus éloignés de la terre ne sont séparés que par une distance imperceptible et grâce auquel l'homme peut être envisagé comme déjà doué d'ubiquité dans son domaine. Le frémissement électrique, voilà vraiment le système nerveux qui s'annonce pour le globe; la voie ferrée n'en est que l'appareil artériel. Il en est d'autant mieux façonné à l'image de son chef, et un jour il ne tiendra qu'à ce démiurge victorieux de répandre dans ce corps immense une âme qui en gouverne et en harmonise les forces. Mais déjà tout est prêt pour recevoir les nouvelles Cités, la demeure perfectionnée de l'homme.

TABLE DES MATIÈRES.

PARIS. — IMPRIMERIE CENTRALE DE NAPOLÉON CHAIX ET Cie, RUE BERGÈRE, 20.